KLIMATKRISEN

Vi lämnar spår efter oss!

Lars-Arne Sjöberg

Exempel på utgivna böcker av samma författare:

- Fossil energi på väg ut
- Nu blir vi digitaliserade
- Framtidstro eller klimatångest
- Såga, bränna, koka eller...?
- Året är 2050
- Textilier idag och i morgon
- Jordens undergång eller bara ett hack i kurvan
- Plast på fel plats – I havet och på land
- Kemikaliejordbruk eller ekologiskt jordbruk
- Mat från jord och vatten
- Fossilbil eller fossilfri bil
- Äta insekter är inte bara en fluga
- Klockan är fem i tolv – vad väntar du på?
- En hoppfull framtid – eller hopplös
- Mot en okänd morgondag Vad vet vi och vad tror vi om framtiden
- Skogen – vår räddning fem i tolv`?

Förlag: BoD – Books on Demand, Stockholm, Sverige
Tryck: BoD – Books on Demand, Norderstedt, Tyskland
ISBN: 978-91-7463-630-7

1. Inledning

Nu är det allvar. Det sker en snabb avsmältning av isen på Grönland. Det vatten som frigörs under två dagar är nog för att täcka Götaland och Svealand med 1 dm vatten[1].

Vi kan se på nyhetsprogram i TV hur olika platser i Världen drabbats av översvärmningar, tornados, torka och allehanda extrema väderhändelser. Isen vid våra poler smälter och havsvattennivån stiger.

Kanske ställer vi oss frågan: *Kan jag göra något?*

Tyvärr är det för sent. De oväder vi nu kan se är följden av hur allvarligt vi såg på larmrapporter för 10, 20 eller 30 år sedan. I klartext, vi kan inget göra för dagens klimathändelser.

Kan vi göra något för våra barn, barnbarn och kommande generationer? Det vi gör idag kommer kommande generationer att vara tacksamma för.

Kan vara svårt för oss att inse vad vi bör göra för att minska växthuseffekten eftersom vi inte kan se effekter på klimatet. Men vi måste ta vårt ansvar nu för att gynna kommande generationer.

Om vi ser på koldioxiden i atmosfären så har denna en halveringstid på 35 000 år, så den växthusgas som påverkar vädret idag är en följd av många, många års förbränning av fossila ämnen.

Om du byter till en elbil idag så är det kommande generationer som se effekter av ditt och alla andras bilval.

Vi kan göra en del för att minska effekterna för kommande generationer, men det stora ansvaret ligger på politiker och företagsledare.

Om vi ger upp och blir pessimistiska så är nog racet förlorat. Även om det är lite som du och jag kan göra, så måste vi försöka kämpa mot att hoten bli verkliga.

Vi har inget val – vi måste minska utsläppen av de klimatpåverkande gaserna.

De stora och nödvändiga åtgärderna måste våra politiker och företagsledarna vidta. Vi måste påverka de som representerar oss i olika beslutande församlingar och som aktieägare i företagen.

En forskningsrapport visar att naturkatastrofer har kostat 57 biljoner kronor sedan år 1900[2].

- De vanligaste katastroferna är översvämningar (40 procent).
- Åtta miljoner människor har mist livet efter att ha drabbats av naturkatastrofer.

- Den naturkatastrof där flest människor avlidit är en översvämningskatastrof i Kina år 1931. Då dog mer än 2,5 miljoner människor.

2. Är det kört nu?

Är det kört nu? Listan är lång när vi ser på de förändringar som nu kommer i dagen.

- Temperaturen stiger och havsisarna smälter!
- Redan idag kan inte över 500 miljoner i världen äta sig mätta!
- Åkerarealen räcker inte till för matproduktion för jordens växande befolkning!
- Kärnvapenkrig hotar och kan leda till civilisationens undergång!
- Även om temperaturökning stannar vid 2°C så kan det skapas en miljard akuta klimatflyktingar. Som jämförelse: Vi har idag totalt cirka 90 miljoner krigsflyktingar.
- Översvämningar av kuststäder, framför allt i Nederländerna, Sydasien och Kina.
- Extrema vädersituationer med översvärmningar, torka, tornados med mera!
- Väpnade konflikter om naturresurser mellan olika länder kan uppstå, där kärnvapenkrig är ett möjligt scenario.
- Sociala konsekvenser spås bli allt från uppflammande religiositet till fullt kaos.
- Globalt sker 80-90 procent av alla transporter med fossil olja.

- Årligen går 15 miljarder träd förlorade.
- En fjärdedel av landytan på jorden och mer än 250 miljoner människor är direkt påverkade, enligt FN.
- Spridningen har klimatmässiga orsaker.
- Långvarig hög temperatur och dåligt och oregelbundet regnande skapar torka och förhindrar växtlighet.
- Starka vindar och skyfall förstör växtligheten.
- Mänskliga aktiviteter ligger bakom, direkt och indirekt.
- Överbrukning suger ut jorden.
- Betande boskap tar bort det skyddande skikt som växtligheten utgör.
- Skogsavverkning avlägsnar träd som binder jorden.
- Ogenomtänkt bevattning torkar ut floder och sjöar.
- Slutligen medför växthuseffekten en allmän uppvärmning av jorden[3,4].

Listan är lång och man frågar sig om det är någon idé att kämpa emot. Kan jag göra något?

Ja, du kan göra en insats!

Alla har ett ansvar för sitt eget liv. Du bestämmer själv hur du ska ställa dej till alla hoten, men glöm inte att det du gör nu – eller inte gör - gäller dina barn och barnbarns framtid.

Är det viktigare för politiker att vinna röster i riksdagsvalen eller för företagsledare att nästa kvartalsrapport är bättre än föregående år? Kan de fatta växthusgashämmande beslut, som ofta upplevs som obekväma och inte kortsiktigt ger synbara resultat?

Men företagens resultat beror ofta på de varor och tjänster du utnyttjar. Välj cirkulära varor som kan återvinnas!

De stora besluten måste politiker och företagsledare fatta, men du kan påverka dem.

Ett glädjande exempel:
När Preem, Lysekil ansökte om att få utöka sin produktion av fossila drivmedel, blev opinionen så stark emot detta att företaget valde att använda sitt kunnande och sin utrustning till att i stället satsa på förnyelsebar energi,

Tyvärr är det så att även om vi lyckas nå ett nollutsläpp så kommer temperaturen att fortsätta stiga några år.

Koldioxiden har en lång halveringstid på cirka 35 000 år i atmosfären, men å andra sidan är den långt ifrån lika skadlig som metan under de första tio till tolv åren. En stor mängd växthusgaser finns alltså redan i atmosfären och ett nollutsläpp påverkar temperaturen först på sikt.

3. Kommer energi och andra råvaror att räcka

Energi

Den globala energiförbrukning har ökat med mer än 50 procent de senaste 20 åren.

Jordens drygt sju miljarder människor förbrukar en energimängd som motsvarar mer än 14 miljarder ton olja om året. Bara 14 procent kommer från hållbara källor och kärnkraft.

Förnybar kapacitet 2019[5]

- Global förnybar produktionskapacitet 2 537 GW
- Tillväxt av förnybar kapacitet 7,4%
- Nettoökning av global förnybar produktionskapacitet 176 GW
- Andel ny förnybar kapacitet installerad i Asien 54%
- Vind- och solenergi andel av ny kapacitet 90%
- Andel förnybar energi i nettokapacitetsökning 72 %

Över 80 procent produceras fortfarande genom förbränning av kol, olja och naturgas.

Varifrån ska jordens energiförsörjning komma i framtiden

när fossila bränslen som kol, olja och naturgas tillhör det förflutna? Energikällor brukar delas in i förnybara energikällor och icke förnybara energikällor[6].

Solenergi, vindenergi, vågenergi, vattenkraft och biomassa är förnybara energikällor som ständigt fylls på genom solens strålar. Varje dag strålar solen 10 000 gånger mer energi in till jorden än vad vi människor använder.

Flera industriella processer och annan energiförbrukning kräver en konvertering till elenergi.

Energiomvandling från förnyelsebara energiråvaror kräver i många fall solljus, vind och vatten och är alltså väderberoende, och tillgången kan variera över tid. Likaså behövs bra distributionsnät och metoder för energilagring.

Mat

Vi vet att våra 7 miljarder på vår jord beräknas bli nästan 10 miljarder år 2050. Redan idag kan inte 690 miljoner äta sig mätta.

Om maten ska räcka till jordens växande befolkning, måste vi använda andra råvaror. Vi har en hög äckelfaktor att övervinna när det gäller insekter och det dröjer nog innan dessa nya matvaror blir vanligt på våra matbord.

Hur kan vi få mat till ytterligare 3 miljarder när vi vet att tillgänglig areal för att odla vår mat inte kommer att öka.

- Bomullsodlingen behöver mer mark om vi ska fortsätta att använda bomullstyger. Vi behöver mer tyg till kläder när vi blir fler på jorden. Övergång från bomullsfibrer till vedfibrer kan vara en lösning, men det finns en konkurrens on vedfibern.
- På åkermarken kan odlas grödor, som kan förädlas till drivmedel i våra bilar. Är drivmedel för bilarna viktigare än mat?
- En växande befolkning kräver mark för att bygga boStäder och mer tyger, som kan komma från åkermark.

Vi har ändrat vår konsumtion sedan 1960:

- Ris och pasta har ökat kraftigt medan konsumtionen av potatis har minskat.
- Färska grönsaker har mer än tredubblats sedan 1960.
- Köttkonsumtionen har ökat, speciellt fjäderfäkött, där konsumtionen var mer än tio gånger större år 2014 jämfört med år 1960.
- Mjölkförbrukningen har minskat dramatiskt, samtidigt har yoghurt och fil ökat.
- Konsumtionen av ost har mer än fördubblats.
- Korvkioskerna har blivit minikök och kan erbjuda hela måltider.

- Vi äter mer snabbmat, som intas utan bestick.

Matsvinn

Medan delar av jordens befolkning svälter, slänger vi fullt ätbar mat. Matsvinn påverkar både miljö och samhällsekonomi. För att minska mängderna mat som slängs är det viktigt att fler blir medvetna om konsekvenserna det medför.

Naturvårdsverket samarbetar med Livsmedelsverket och Jordbruksverket för att minska matsvinnet. Bakgrunden är att den svenska livsmedelshanteringen svarar för en stor del av vår totala påverkan på miljön:

- Den svenska livsmedelshanteringen står till exempel för cirka 50 procent av vår totala övergödning.
- Livsmedelsproduktionen ger också upphov till spridning av gifter som bekämpningsmedel.
- Livsmedelssektorn är en av de mest vattenkrävande sektorerna.

Material

Genomgående gäller att vi måste sträva mot en cirkulär ekonomi. Allt som kan återvinnas ska återvinnas!

Våra soptippar har blivit återvinningsstationer. Förr stoppade vi våra sopor i stora säckar och körde till en soptipp, varefter allt doldes av ett lager matjord. Framtiden arkeologer kommer att få lite att rota i.

Varför är det viktigt att återvinna?[7]

1. **Naturresurser/råvaror**

   Vi måste hushålla med våra resurser eftersom allt vi använder i princip kommer från naturen. Vi måste lämna tillbaka det vi *lånat* från naturen.

2. **Energi**

   Att bearbeta återvunnet material är mindre energikrävande än att utgå från råvaror från natur.

3. **Miljö**

   Tillverkningsprocessen för att skapa nytt material skapar i vissa fall större belastning på miljön genom utsläpp jämfört med returmaterial.

4. **Cirkulär ekonomi**

   Grundbulten i cirkulär ekonomi är återvinning som skapar ett flöde av material som går i ett eget kretslopp och minimerar uttagen av nya råvaror.

5. **Ekonomi**

   Vi sparar resurser genom att återvinna. Att återvinna tillhör bland de enklare åtgärder vi kan göra. Det vi inte återvinner, brinner upp och försvinner för gott.

Senaste statistiken visar hur mycket vi slänger och hur mycket vi återvinner[8].

- Under 2017 behandlades 4 783 000 ton hushållsavfall.
- Det motsvarar 473 kilo per person - en ökning jämfört med 2016, då mängden landade på 467 kg per person.
- Procentuellt fördelas behandlingssätten för hushållsavfall så här under 2017:
  - 15,5 procent går till biologisk återvinning
  - 33,7 procent materialåtervinning
  - 50,3 procent förbränning med energiutvinning
  - 0,5 procent deponering

Producentansvar innebär att inom branscher där producentansvar råder, krävs returinsamlingssystem (återvinning) av branschen. Sverige har lagstadgat producentansvar inom följande områden:

- Returpapper
- Förpackningar
- Elektriskt och elektroniskt avfall
- Däck
- Bilar
- Batterier
- Läkemedel

Producenterna ansvarar för att samla in och ta hand om uttjänta produkter. Det innebär att det ska finnas lämpliga insamlingssystem och behandlingsmetoder för återvinning.

Hushållen har skyldighet att sortera och lämna sitt avfall

till de olika insamlingssystem som finns.

Trettio procent förpackningar

Förpackningar ska återvinnas eftersom de innehåller återvinningsbara ämnen såsom papper, plast glas, stål och aluminium. Om inte annat kan energiinnehållet tillgodogöras genom förbränning. Pappers- och kartongförpackningarna är miljövänliga förpackningar eftersom råvaran är förnybar.

4. FN:s generalsekreterare António Guterres varnar

Fyra viktiga nyckelindikatorer för klimatförändringar satte nya rekord under år 2021[9].

- Ökad koncentration av växthusgaser,
- Höjning av havsnivån,
- Ökad havstemperaturen,
- Försurade hav (Haven blir surare när koldioxiden löses i vattnet)

FN:s generalsekreterare António Guterres anser att tiden håller på att rinna ut och att det nu är bråttom att agera, men att det finns en lösning.

- *Världen måste agera inom detta decenniet. Men de goda nyheterna är att livlinan finns precis framför ögonen på oss, nämligen förnyelsebar energi. Vi har inte en sekund att förlora, därför föreslår jag idag fem åtgärder för att kickstarta omställningen till förnybar energi.*

Han föreslår bland annat:

- Ökad tillgång till förnybar energiteknik och förnödenheter.
- En tredubbling av privata och offentliga investeringar görs i förnybar energi.
- Ett slut på subventioner av fossila bränslen, vilket

enligt WMO idag uppgår till ungefär elva miljoner dollar per minut.

WMO
Meteorologiska världsorganisationen är ett FN-organ för meteorologi.

António Guterrez är kritisk

IPCC konstaterar i en nya rapport:

> Risken för oåterkalleliga klimatförändringar är större än vad forskningen tidigare har trott. Tidsfönstret för att anpassa oss till klimatförändringarna håller på att stängas.

IPCC
Förenta nationernas klimatpanel är FN:s organ för att sammanfatta och bedöma vetenskapen relaterad till den globala uppvärmningen. Panelen sammanställer regelbundet forskningsrapporter om den globala uppvärmningen, konsekvenser, sårbarhet och möjliga lösningar.

Om världens befolkning skulle lyckas att hålla jorden under 1,5 graders uppvärmning skulle det reducera de negativa effekterna, men det skulle inte stoppa de processer som redan har startat.

FN:s generalsekreterare António Guterres kommenterar

världens samlade ledarskap:

- *Bristen på ledarskap är kriminell. De största förorenarna gör sig skyldiga till mordbrand i vårt enda hem.*

Han säger att IPCC:s klimatrapport är en *karta över mänskligt lidande och en domedagsliknande anklagelse över misslyckat klimatledarskap.*

António Guterres:

- *IPCC konstaterar att klimatförändringarna redan skapar vitt spridda skador, både i ekosystem och för människor.*

Ett ökat antal värmeböljor, torka och översvämningar håller redan på att överskrida gränsen för vad växter och djur klarar, vilket driver fram massdöd för träd och koraller, står det i forskarnas klimatrapport.

Forskarna skriver:

> Extremväder orsakar stora effekter som i ökande grad är svåra att hantera. De har utsatt miljontals människor för brist på mat och vatten. Det gäller särskilt i Afrika, Asien, Central- och Sydamerika på små öar och i de arktiska områdena.

IPCC konstaterar att de mest utsatta områdena behöver anpassa sig till de nya förhållandena, men att det är stora skillnader i hur väl olika områden har möjlighet att anpassa sig.

Ekosystem har hamnat ur balans vilket leder till större risk att tippas över ända av klimatförändringarna. Detta kallas att man nått *the tipping point.* Ohållbart utnyttjande av naturresurser, växande urbanisering, extrema väderhändelser och social ojämlikhet är alla faktorer som förvärrar effekterna av global uppvärmning.

Tipping point
Den kritiska punkten i en situation, process eller system bortom vilken en betydande och ofta ostoppbar effekt eller förändring äger rum.

IPCC konstaterar att världens städer utgör en stor riskfaktor särskilt om försörjningssystem är dåligt planerade och resurserna ojämnt fördelade. Men de kan också utgöra en del av lösningen genom att bygga upp gröna lösningar koncentrerade till en viss yta.

Guterres: ***Klimatkrisen är nu största hotet i världen!***
Guterres efterlyste en brådskande och omvälvande minskning av utsläppen för att stoppa den globala uppvärmningen vid 1,5° C, stöd för anpassning till klimatpåverkan samt ekonomiskt stöd för att säkra uthålligheten.

Kriget i Ukraina får inte leda till kortsiktiga beslut som stänger dörren till 1,5° C. Med de åtaganden, som för närvarande är registrerade, förutspås utsläppen fortfarande växa med 14 procent fram till 2030. Detta är helt enkelt självmord och det måste vändas.

FN-chefen kräver att rikare länder måste uppfylla sitt löfte att leverera 100 miljarder dollar i klimatfinansiering för anpassning från och med i år 2022.

Han tillade att G20-länderna står för 80 procent av de globala utsläppen.

- *På skuldsidan behöver vi omedelbar lättnad för utvecklingsländer vars skulder är på väg att förfalla,* sa han.

G20-länder

Argentina. Australien, Brasilien, Europeiska unionen, Frankrike, Indien, Indonesien, Italien, Japan, Kanada, Kina, Mexiko, Ryssland, Saudiarabien, Storbritannien, Sydafrika, Sydkorea, Turkiet, Tyskland och USA

-

5. De största globala hoten

750 världsledare och experter konstaterar i rapporten Global Risks Report 2020 att klimatkrisen utgör de största hoten mot mänskligheten[10].

Global Risks Report 2020 visar att polarisering och ekonomisk stagnation under 2020 kommer att förvärra klimatkrisen:

> Ett aldrig tidigare skådat sammanflöde av klimat och ekologisk nedbrytning dominerar årets Global Risks Perception Survey, en undersökning som ber globala experter och beslutsfattare att rangordna sina tips för nästa decennium.

I rapporten pekar experterna i en tioårsprognos ut dessa fem globala risker som farligast:

1. Extremväder kan leda till dödsfall, skador på egendom och infrastruktur.
2. Klimatförändringar kopplat till politikernas och näringslivets misslyckande att bekämpa dem.
3. Den dramatiska förlusten av biologisk mångfald är orsakad av människan. Djur- och växtarter samt hela ekosystem kan dö ut.
4. Naturkatastrofer i form av vulkanutbrott, jordbävningar, tsunamis och geomagnetiska stormar förekommer.
5. Miljökatastrofer och miljöskador orsakade av människan – exempelvis oljeföroreningar, miljökriminalitet och radioaktiva utsläpp kommer att öka.

Extremhetta väntas

De mest troliga hoten är bland andra extrem hetta, hälsoproblem på grund av utsläpp, vattenbrist, förstöra ekosystem och bränder som inte går att kontrollera.

Man bedömer att de kortsiktiga riskerna i rapporten kommer från den politiska och ekonomiska polariseringen. Möjligheten att nå global enighet kring åtgärder av de mest brådskade klimathot minskar därmed. 78 procent av de tillfrågade beslutsfattarna i rapporten, menar att politisk polarisering och ekonomiska konflikter sannolikt kommer att förvärras.

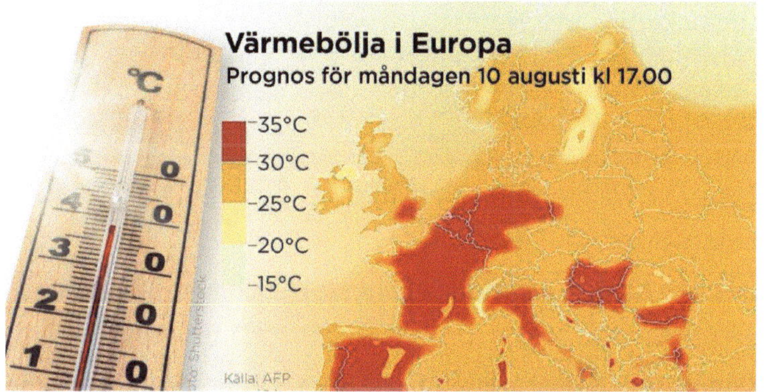

Värmeböljor bli allt vanligare, både globalt och i Sverige. De kommer dessutom att bli kraftigare och längre vilket ställer högre krav på samhället, både vad gäller förebyggande anpassningsåtgärder och krisberedskap[11].

Värmeböljor leder till en ökad dödlighet, särskilt för utsatta grupper. Det är framförallt äldre personer som löper stor risk att drabbas. Påverkan på samhällsviktiga verksamheter utanför vårdsektorn kan också bli betydande vid en värmebölja. MSB har genomfört ett flertal studier om effekterna av värme på samhällsviktiga verksamheter i Sverige.

MSB
Myndigheten för samhällsskydd och beredskap, MSB, stär-

ker samhället i att förebygga och hantera olyckor, kriser och konsekvenser av krig. Man värnar människors liv och hälsa, samhällets funktionalitet och grundläggande värden som demokrati, rättssäkerhet och mänskliga rättigheter. Högt förtroende och nära samarbete med aktörerna gör att vi lyckas.

Extrema värmeböljor kan drabba över en halv miljard människor

Det kan bli verklighet i Mellanöstern och Nordafrika med extremtemperaturer på uppemot 60°C om koldioxidutsläppen fortsätter uppåt. Forskarna varnar för att extremvärmen kommer att tvinga många människor på flykt mot Europa[12].

Temperaturen kan ibland vara över 50 °C redan i dag i till exempel Bagdad. Det kommer att bli vardagsmat i framtiden. En grupp forskare har publicerats en rapport i tidskriften *Nature climate change*. De målar upp ett stekhett Mellanöstern och Nordafrika om klimatutsläppen fortsätter som i dag.

I slutet av tjugohundratalet kan det enligt forskarnas modeller bli vad de kallar ultraextrema värmeböljor sommartid, med temperaturer över 56°C i flera veckor i sträck.

- *Temperaturer på 60°C kan inte uteslutas. Men även om man tar ett optimistiskt scenario så kommer det vara områden i regionen med värmeböljor kring 55°C. Då ska man inte vara ute. Kroppen avdunstar så fort att man snabbt drabbas av uttorkning. Det är extremt farligt,* säger klimatforskaren Jos Lelieveld på Max Planckinstitutet i Mainz som lett forskningen.

Varför är det så hett?

Temperaturerna kan skjuta i höjden till 40°C över hela Europa och kan ibland drabbas av en värmebölja, med temperaturer som kommer att slå nya rekord - vilket kan leda till överdödlighet med tusentals personer[13].

Om det är något politikerna vill undvika är det en upprepning av 2003, då en värmebölja i Europa dödade mer än 70 000.

När temperaturen stiger ökar svettningen för att kyla ner

kroppen genom avdunstning. Även blodkärl nära huden vidgas så att blod kan flytta ut från kroppens kärna till dess extremiteter. Detta kan sätta extra belastning på hjärtat och medelblodtrycket faller farligt lågt - vilket leder till organsvikt i extrema fall.

När omgivningstemperaturen överstiger kroppens 37.5°C blir svettningen i sig mindre effektiv.

- *Svett avdunstas av värme från luften, inte av kroppen. Därför är svettning inte lika effektivt för att kyla ner dig*, säger Dr Simon Cork, universitetslektor i fysiologi vid Anglia Ruskin University,

Värmeslag uppstår när kroppen inte längre kan behålla sin temperatur och kan leda till hjärn- och organskador utan snabb akutbehandling.

Halv miljard i riskzonen

En halv miljard människor kan drabbas att årligen utsättas för outhärdlig extremvärme.

- *Städerna fungerar som ”värme-öar” så det blir ännu värre där. Temperaturer på långt över 50°C kommer att bli det nya normala. Och det är temperaturer som vare sig människor eller djur kan överleva i.*

Extremväder

Extremväderhändelserna under åren 2020-2021:

- Torka och skogsbränder har härjat i både Australien och i Kalifornien.
- Sibirien har haft temperaturer långt över de normala, vilket påverkat istäcket i Arktis som var rekordlitet i juli.
- Japan och Kina har drabbats av svåra översvämningar under sommaren.
- Flera tromber har drabbat USA:s ostkust

Är detta konsekvenser av pågående klimatförändringar eller är detta naturliga variationer?

Över 95 procent av forskarna är övertygade om att det vi ser är klimatförändringar orsakade av oss, men det finns också några så kallade klimatskeptiker som anser att de klimatförändringarna är naturliga variationer.

Klimatskeptiker

Det finns klimatförnekare, klimatskeptiker, personer och organisationer som sprider felaktiga slutsatser angående det aktuella klimatforskningsläget. De har en övertygelse om att arbetet för att komma till rätta med klimatförändringarna är meningslöst. Ofta används sk. *cherry picking,* körbärsplocning, av data för att stärka hypotesen, t.ex. genom att välja korta tidsintervall med passande trend[14].

Cherry picking eller **Plocka russinen ur kakan** avser undertryckande av bevis eller felaktighet av ofullständiga bevis är hanteringen att peka på enskilda fall eller data som verkar bekräfta en viss position samtidigt som man ignorerar och gör del av relaterade och liknande fall eller data som kan motsäga den positionen[15].

Klimatförnekare kan skilja sig starkt i uppfattningen om klimatförändringarnas omfattning, och människans påverkan på densamma – medan vissa hävdar att det över huvud taget inte sker någon uppvärmning av jorden till att människans påverkan på klimatet är överdriven men inte obefintlig.

Klimatskeptiker motsäger vetenskapens konsensus om klimatförändringar, som den exempelvis presenteras i FN-panelen IPCC:s sammanfattande bedömning.

Enligt forskning från Chalmers är de största grupperna av klimatförnekare

- De industrier som producerar olja.
- Högernationalister.
- Libertarianer som propagerar för mindre regeringsmakt, medan egennytta är en viktig egenskap inom de klimatskeptiska rörelserna.

Expresident USA:s president Donald Trump har ifrågasatt de pågående klimatförändringarna och att de är orsakade av människor och han har spritt påståendet att klimatkrisen är *fake science* och *fake news*. Vi får hoppas att han inte blir vald till en ny mandatperiod.

Vi har även ett klimatskeptiskt parti i Sveriges riksdag. Sverigedemokraterna är det enda partiet som inte ställer sig bakom Sveriges klimatmål och vill slakta miljöbudgeten med över 9 miljarder kronor[16].

Sverigedemokraternas riksdagskandidat Elsa Widding har också frågat sig varför vi ska vara rädda för ett varmare klimat

- *Det är inte ett orimligt resonemang. Vad jag vet dör fler av kyla än av värme,* säger partiledaren Jimmie Åkesson till Sveriges Radio[17].

Fem länder har störst chans att överleva om vår planet kollapsar[18]

Forskare vid Global Sustainability Institute vid Anglia Ruskin University i Cambridge i Storbritannien har utifrån

analyser om ekologiskt förfall, klimatförändringar och befolkningsökning skapat en kollaps för den mänskliga civilisationen. Detta kan inträffa redan inom några årtionden om det vill sig illa.

Slutsatsen är att det finns fem länder som skulle ha större chans än övriga världen att stå emot en sådan kollaps enligt forskarna:

- Nya Zeeland
- Australien
- Irland
- Storbritannien
- Island

Forskarna tror att en kollaps skulle sprida sig väldigt snabbt eftersom världens alla delar är så sammankopplade till varandra i dag.

Alla är öländer

Men de fem identifierade länderna har bättre förutsättningar att stå emot. Alla är öländer och har mindre temperaturextremer. De omgivande haven jämnar ut temperaturerna. Regioner i subtropiska eller tropiska zoner skulle få allra svårast att klara sig. I absolut toppen ligger Nya Zeeland och Island med sina geotermiska och hydroelektriska energikällor, blomstrande jordbruk och låga befolkningsstorlek.

Länder som är beroende av kärnkraftsenergi och fossila

bränslen är mer sårbara. De är beroende av den globala försörjningskedjan som riskerar att kollapsa snabbt om planeten bryter samman, fastslår forskarna.

Alla barn kommer uppleva klimatrisker[19]
Enligt FN:s barnfond Unicef kommer så gott som alla världens 2,2 miljarder barn att utsättas för minst en klimatrisk.

Vad händer vid olika grader av global temperaturhöjning?

Global temperaturhöjning[20]

	+1,1°C Här är vi nu	**+1,5°C Svårt att undvika**
Havsnivåer och isar	Rekordvärme. Arktis smälter fortare än väntat	46 miljoner riskerar att få sina hem bortspolade
Mat och vatten	År 2100 kan 8% av dagens jordbruksmark vara obrukbar	2 miljoner utsätts för vattenbrist i norra Europa.
Skog	Fler skogsbränder i Australien och Kalifonien	Kalfjällsområdena minskar i Sverige
Hetta	2021 var det 7:e varmaste året som forskarna sett. Sedan har temperaturen ökat för varje årtionde.	Extrema värmeböljor ökar med 129 %
Extremväder	Flera stormar och orkaner	Ökad orkanstyrka
Biologisk mångfald	Nära 59 % av jordens arter har redan förlorat har redan förlorat sin livsmiljöer på grund av klimatförändringar	Nästan alla korallrev dör

	+2°C Parisavtalets tak	+3°C Utan klimatåtgärder	+4°C Utan klimatåtgärder
Havsnivåer och isar	Arktis kan smälta helt under sommaren	Många låga öar obeboliga 2050. Artis och Grönland kan på sikt smälta helt	Havsnivån höjs succesivt. Kuststäder och öar försvinner.
Mat och vatten	Världsbanken: Det är inte säkert att det går att anpassa oss till ett liv i en 4-gradersvärld	Global matproduktion i gungning	
Skog	+ 60° Skogsbränder runt Medelhavet	Amazonas riskerar att försvinna	Öar översvärmas
Hetta	Extrema värmeböljor ökar med 343 %	Extrema värmeböljor ökar med 500 %	Sydeuropa förvandlas till öken.
Extremväder	57% ökning av antalet som påverkas av översvärmningar i Indien	3 gånger kraftigare översvärmningar	75% av jordens befolkning utsätts för dödlig hetta 20 dagar om året
Biologisk mångfald	Korallreven dör	Marina ekosystem kollapsar	Varannan djur- och växtart är hotade

Forskare säger att klimatförändringar har observerats över hela världen, att de är snabba och intensifieras samt att de kommer att leda till mer extremväder och naturkatastrofer.

Barnen är mer utsatta för klimatriskerna än vuxna. Enligt Unicef står omkring en miljard barn i 33 länder, främst i Afrika, inför en *dödlig kombination* av extremt väder tillsammans med befintliga problem som fattigdom.

Enligt en undersökning från Unicef tycker nio av tio barn i 21 länder att det är deras ansvar att hantera klimatförändringarna.

6. Dagsläget

- **Global temperatur**
  Just nu är den globala temperaturen 1,02°C över genomsnittstemperaturen 1951–1980.

- **Isarna**
  Havsisen i Arktis minsta årliga utsträckning har krympt med 44 procent sedan 1979.

- **Havsnivån**
  Havsnivån är 99,41 mm högre nu än den var i 5 januari 1993. Senaste mätvärde: 29 maj 2021.

- **Koldioxid CO_2**
  Just nu är det 416,96 ppm (parts per million) koldioxid i atmosfären. Det är en ökning med 32 procent sedan 1958

- **99 procent av de som dött på grund av klimatförändringar bor i länder som i sin tur bara står för 1 procent av världens utsläpp.**

Här är de största klimatbovarna

- **Energi**
  Energin släpper ut 32,10 miljarder ton CO_2 om året.

- **Industri**
  Industrin släpper ut 3,25 miljarder ton CO_2 om året.

- **Jordbruk**
  Jordbruket släpper ut 165 miljoner ton CO_2 om året.

- **Avfall**
  Avfall släpper ut 26,70 miljoner ton CO_2 om året.

Långt ifrån all den koldioxid vi släpper ut hamnar i atmosfären. Beräkningar visar att världshaven tar upp cirka 30 procent av koldioxidutsläppen och att världens växter tar upp cirka 25 procent.

Det innebär att 45 procent av den koldioxid vi släpper ut hamnar i atmosfären, där den hjälper till att förstärka växthuseffekten och göra planeten varmare.

Ska temperaturökningen hålla sig till max 1,5 grader, så behövs en minskning av klimatutsläppen med mellan 60 och 65 procent.

Tillgången på icke förnybara energislag är begränsad, men den viktigaste frågan är den ökande halten av växthusgaser, som påverkar vårt klimat. Det blir långsamt varmare i Sverige. Växthusgaserna ökar medeltemperaturen, som kommer att bli mellan 1,5° C och 3° C högre i landet under åren 2020-2050 jämfört med perioden 1961-1990.

FN varnar världens länder att man omedelbart måste trappa upp ansträngningarna för att minska utsläppen av växthusgaser. Annars väntar en *mänsklig tragedi*[21].

FN:s miljöprogram (Unep) säger i sin årliga rapport, att de löften som världens länder avgav vid FN:s klimattoppmöte i Paris i räcker inte för att hålla temperaturökningen på jorden inom rimliga gränser.

Flera gånger under 2016 har isen på Arktis varit varm. Året började med töväder på Nordpolen, och i november hade en yta lika stor som Mexiko smält bort jämfört med ett genomsnittligt år.

- *Att vänta med åtgärder innebär extrema risker*, säger Johan Kuylenstierna, vd för Stockholm Environment Institute[22].

Utsläppen av växthusgaser kommer 2030 att ligga 12 - 14 miljarder ton över den gräns som krävs för att hålla klimatmålet med en temperaturökning under 2° C.

Även om löftena från Paris hålls fullt ut är prognosen för utsläppsmängderna fram till 2030, att världen är på väg mot en temperaturökning på mellan 2,9°C och 3°C fram till seklets slut, enligt rapporten. Växthusgasmängderna är i dag högre än vad de varit sedan minst 800 000 år tillbaka.

De största växthusgaserna i jordens atmosfär är

- vattenånga (H_2O),
- koldioxid (CO_2),
- dikväveoxid (N_2O), kallas även lustgas
- metan (CH_4) och
- ozon (O_3).

Vattenånga (H_2O)

Den vanligaste växthusgasen i planetens atmosfär är vattenånga. Större mängder av t ex koldioxid och metan leder i sin tur till mer vattenånga i atmosfären - och därmed ökad växthuseffekt[23].

Koldioxid (CO_2)

Den växthusgas vi pratar allra mest om, eftersom koldioxidutsläpp är en ledande orsak till klimatförändringar. Den största orsaken till att koldioxid bildas är förbränning av kolhaltiga bränslen, som till exempel olja, bensin och diesel. Även vår förbränning av mat i våra kroppar genererar koldixid. Utandningsluften från en människa innehåller ungefär 4 procent koldioxid. Med hjälp av fotosyntesen omvandlar växterna koldioxid till syre, vatten och sockerarter, som de dels använder i sin egen metabolism, dels lagrar i cellerna.

Dikväveoxid (lustgas, N_2O)

Dikväveoxid har långt större (ca 300 gånger) påverkan per ton än koldioxid. Dikväveoxid tunnar ut ozonlagret.

Metan (CH_4)

Metan är en växthusgas som bidrar till ökad temperatur på planeten. Mängden metan i atmosfären har fördubblats under de senaste hundra åren. Metan står för 20 procent av växthuseffekten (näst mest efter koldioxid).

Ozon (O_3)

Ozon är en gas som bildas naturligt i jordens atmosfär.

Det ozon som finns högre upp i atmosfären (ozonlagret) fungerar som en barriär som skyddar mot UV-strålning från solen.

För ungefär fyrtio år sedan talade man mycket om att ozonlagret i atmosfären tunnades ut och därmed ökade strålningen av UV-strålar, som kan angripa vår hud och ge upphov till hudcancer. Man identifierade då freon, som de skyldiga gasen. Freon kom i huvudsak från våra kyl- och frysskåp. Freon förbjöds då och ersattes med andra kylmedier.

De senaste åren har det sett ut som att ozonhålet vid Antarktis håller på att återhämta sig. Detta tack vare Montrealavtalet som skrevs under 1987 för att förbjuda freoner, en ozonförstörande gas. Men nu ser det ut som att dessa gaser är tillbaka – och allt pekar på att det är illegal produktion[24,25].

Koldioxid utgör ungefär 80 procent av växthusgasutsläppen i Sverige. Sverige har I jämförelse med andra iländer låga koldioxidutsläpp per capita och ligger en bra bit under de genomsnittliga utsläppen i OECD. Detta är en effekt av att Sverige kraftigt minskat andelen fossila bränslen i energisystemet sedan 1970-talet[26].

Om man väger in hur stor befolkning ett land har så får

man fram de stora producenterna av CO_2. Inte oväntat är det Kina och USA.

Växthusgaser är långlivade i luften. De flesta överlever något hundratal år innan de bryts ned, och för några kan livslängden räknas i tiotusentals år.

Koldioxidutsläppen ökar successivt, och uppgår i dag till cirka 35 miljarder ton per år. Luftens koldioxidhalt har ökat med cirka 40 procent sedan förindustriell tid, och stiger med ungefär 0,4 procent per år. Andra växthusgaser som lustgas (dikväveoxid) har ökat med ungefär 20 procent, och metanhalten med ungefär 150 procent[27].

Koldioxid per capita och land, 2020

	CO_2 ton per person[28]	Invånare, miljoner[29]	Totalt CO_2	Andel av total CO_2-utsläpp
1. Saudiarabien	17,0	35,0	593,6	1,7 %
2. Australien	15,2	25,9	394,2	1,1 %
3. Kanada	14,4	38,9	561,3	1,6 %
4. USA	13,7	333,0	4 555,4	13,0 %
5. Luxemburg	13,2	0,6	7,9	0,0 %
6. Korea	12,1	51,6	622,8	1,8 %
7. Ryssland	11,6	145,1	1 689,0	4,8 %
8. Estland	11,1	1,3	14,4	0,0 %
9. Island	9,2	0,4	3,7	0,0 %
10. Tjeckien	8,7	10,5	90,9	0,3 %

14. Kina	8,2	1 412,6	11 583,0	33,1 %
37. Sverige	4,2	10,5	43,9	0,1 %
38. Schweiz	4,1	8,8	35,8	0,1 %
39. Portugal	4,0	10,3	40,8	0,1 %
40. Lettland	3,9	1,9	7,5	0,0 %
41. Mexiko	3,1	128,3	391,3	1,1 %
42. Indien	1,7	1 380,0	2 401,2	6,9 %

Klimatet på jorden påverkas också av faktorer som vi människor inte kan påverka såsom vulkanutbrott, jordbävning, solens aktivitet och av förändringar i jordens rörelser runt solen och runt sin egen axel. Under senare tid har solaktiviteten dock varit relativt låg, medan vulkanaktiviteter har tilltagit. Båda dessa förändringar bidrar till att sänka temperaturen. Men uppvärmningen har fortsatt och kan endast förklaras med människans påverkan genom utsläpp av växthusgaser och förändrad markanvändning[30].

Supervulkanen Campi Flegrei som ligger i närheten av Neapel kan vara på väg att få utbrott. Detta skulle påverka miljontals människor som bor i området. Detta är första gången på 500 år, enligt forskare. Förra gången var år 1538. Detta pågick i åtta dagar och förstörde flera byar samt tvingade människor att fly[31].

Forskare varnar för tecken som visar att trycket håller på att byggas upp i det vulkaniska området. Marknivån har höjts med fyra decimeter sedan 2005. Nivåhöjningen har accelererat i hastighet. De italienska myndigheterna har höjt varningsnivån på vulkanen från grön till gul, dvs. vulkanen övervakas mer noggrant.

De tre miljoner människor som bor i det vulkaniska området skulle drabbas hårt.

- *Det är en bekymmersam vulkan, inte minst på grund av dess placering nära Neapel. Men även om en vulkan håller på att vakna till liv är det länge sedan den hade ett riktigt utbrott,* säger seismologen Reynir Bödvarsson till Dagens Nyheter.

Geografiska skillnader

Om vi se hur koldioxidutsläppen varierar över landet kan man se tydliga skillnader mellan kommunerna. Områden med tung basindustri, raffinaderier och metallurgisk industri tillhör kommunerna med hög grad av utsläpp. Likaså kan man se att kommuner i glesbygd har höga halter per person eftersom industrins utsläpp ska fördelas på färre invandare.

Vi släpper också ut föroreningar som bildar partiklar i atmosfären, och dessa har en kylande inverkan på klimatet, vilket dämpar en del av växthusgasernas värmande effekt.

Utsläpp växthusgaser totalt per kommun[32]

	Ton $CO_{2ekv.}$/inv
1. Sundbyberg	0,55
2. Tyresö	0,68
3. Lidingö	0,76
4. Järfälla	1,24
5. Nacka	1,31

286. Gotland	> 25
287. Stenungsund	> 25
288. Luleå	> 25
289. Lysekil	> 25
289. Oxelösund	> 25

Klimatförhandlaren: Vi kommer att nå nollutsläpp[33]
Klimatarbetet går för långsamt. Men de löften och åtaganden som blir resultatet av långa klimatförhandlingar är det som i slutändan kan rädda jorden från alltför stor uppvärmning, menar ordföranden för FN:s klimatförhandlingar, Alok Sharma.

- *Jag tror att vi kommer nå nollutsläpp i världen. Frågan för mig är inte om vi når dit, utan om det kommer gå tillräckligt fort,* säger han till SVT Nyheter.

Kritiken mot ännu en klimatkonferens har varit hård. Inte minst från Greta Thunberg och Fridays for future.

Alok Sharma
Alok Sharma är en brittisk politiker som tjänstgör som president för COP26 och minister för regeringskansliet sedan 2021.

Stockholmskonferensen 1972 blev startskottet för den globala miljöpolitiken. 50 år senare står Stockholm återigen värd för en miljökonferens inom FN, Stockholm +50. Så vad har Sverige och världen åstadkommit för miljön de senaste 50 åren?

Klimatförhandlare, Alok Sharma, som besökte Stockholmskonferensen, är optimist. Han menar att dessa förhandlingar faktiskt visat på resultat.

- *Före Paris gick världen mot fyra graders uppvärmning, efter Paris lite över tre grader. Efter Glasgowavtalet går vi mot knappt två graders uppvärmning, det är något historiskt.*

Fokus har skiftat

Han håller samtidigt med om att siffrorna bygger på ett enormt OM. Nämligen OM alla uppfyller det de lovat. Därför vill Alok Sharma se fokus på att jobba för och möjliggöra att alla faktiskt uppfyller just det som de har lovat.

Sedan Rysslands invasion av Ukraina menar många att klimathänsyn kommit i andra hand. Fokus på klimatet är flyttat och länder pumpar upp mer olja, eller subventionerar bensin och diesel för att kompensera för de prisökningar på olja och gas som sker på grund av kriget.

Ser en förändring

Britten Alok Sharma ser andra konsekvenser av kriget som kan vara en möjlighet. Världen har nu – mer än tidigare – insett sårbarheten i att vara beroende av fossila bränslen, särskilt när de kontrolleras av problematiska regimer.

- *Nu ser vi länder accelerera övergången till förnyelsebar och ren energi, och man inser att inhemsk energi är det säkraste.*

Som ordförande har han rest runt, inte minst bland G20 länderna, som också är de största utsläpparna. Där ser han en mycket starkt och tydlig förändring.

- *I dag ser man mer och mer att insatser för hållbar miljö och klimat – är helt synonymt med att säkra tillgången på energi och arbeta för nationell säkerhet.*

Räkna med ökad nederbörd och ökad torka[34]

- *Vi ser ut att gå mot +3 grader jämfört med förindustriell tid men utvecklingen går fort, inom 20 år kan vi förvänta oss att temperaturen stigit och ligger runt 1,5 grad varmare och inom 25 år två grader varmare än idag,* säger Erik Kjellström från SMHI.

Vi har fått högre temperaturer för alla årstider, längre sommarsäsong och kortare vintrar, mer nederbörd och en kortare snösäsong.

- *Vi kommer generellt få mer nederbörd i Norden i framtiden. Detta innebär att vi får mer vatten i våra vattendrag, men det kan också leda till torka. När temperaturen stiger ökar avdunstningen,* säger Erik Kjellström.

I Sverige kan vi göra följande iakttagelser:

- Vi kan vänta oss en fortsatt uppvärmning, störst i

norr och under vinterhalvåret.

- Ökad risk för torka torra år,
- Mer varma temperaturextremer och mindre kalla.

Juli 2022 en av de varmaste någonsin

Vi har upplevt en av de varmaste juli månader som registrerats någonsin, enligt FN:s väderorgan[35].

- Portugal, västra Frankrike och Irland nådde alla rekordhöga temperaturer,
- England mätte 40 °C för första gången någonsin.
- Nationella värmerekord för högst mätta temperatur gjordes också i Wales och Skottland.
- Spanien hade sin högsta juli-temperatur någonsin, med ett medeltal på 25,6 °C. Spaniens värmebölja mellan 8 och 26 juli var den längsta och mest intensiva som uppmätts någonsin.
- I bland annat Tyskland och delar av Skandinavien. Lokal rekordvärme för juli men också högst värme uppmätt någonsin noterades i flera delar av Sverige.

Polarisen smälter

Under juli 2022 noterades även den lägsta isnivån i Antarktiska havet, hela sju procent under genomsnittet.

Arktiska havet mätte i sin tur fyra procent under genomsnittet, 12:e någonsin under juli månad enligt siffror uppmätta via satellit.

Iskoncentrationen i Arktiska havet är de lägst satellitmätta under juli månad sedan man började registrera nivåerna år 1979 säger WMO och hänvisar till klimattjänsten Copernicus.

7. Några miljöbovar

Det är svårt att förneka att bilismen är en stort bidragande orsak till utsläpp av växthusgaser. Vi kan konstatera att den uppåtgående trenden bröts för c:a 10 år sedan. Det är också tydligt att personbilarna – i huvudsak privatbilismen och taxi – bidrar med mycket växthusgaser[36].

Statistik över koldioxidutsläpp från nyregistrerade personbilstrafiken 2021[37].

Typ av bil	Antal	Genomsnittligt koldioxidutsläpp
Bensindrivna bilar	113 437	139,86 gram/km
Dieseldrivna bilar	43 264	159,81 gram/km
Gasdrivna bilar	1 446	108,97 gram/km
Etanoldrivna bilar	44	126,70 gram/km
Eldrivna bilar	57 256	0,00 gram/km
Laddhybrider (diesel/el)	3 979	35,17 gram/km
Laddhybrider (bensin/el)	73 712	38,10 gram/km
Vätgasdrivna bilar	16	0,00 gram/km
Totalt antal nyregistrerade bilar	293 155	88,32 gram/km

För att nå mål om fossiloberoende fordonsflotta och klimatmål behövde enligt Trafikverkets klimatscenario utsläppen komma ner till 95 g/km år 2021 vilket innebar att minskningstakten åtminstone behöver hålla sig på nuvarande takt på 5 gram per år. Därefter behövs fortsatt minskning av utsläppen.

Myndigheternas verktyg för att begränsa bilismen är bil- och drivmedelsskatter. Transportstyrelsen förbereder också för nya EU-regler som kommer att höja skatten ytterligare.

Sverige i Europatopp

Enligt en ny klimatmätning toppar Sverige listan över EU-ländernas hittills uppfyllda delar av Parisavtalet. Trots att Sverige toppar listan så är resultatet dåligt. Totalt underkänns 24 av 27 länder. Endast tre länder anstränger sig för att leva upp till löftena, skriver The Guardian. Sverige hamnar på förstaplats, åtföljd av Tyskland och Frankrike[38].

Svenska städer riskerar att läggas under vatten[39]

Vi vet att Kiruna ska flyttas på grund av malmbrytningen, men det finns andra städer som är hotade av översvämningar. Arvika har drabbats och där bygger man skyddsvallar, men det finns andra städer kring Vänern, som lever farligt. Vid en framtida klimatförändring riskerar Karlstad, Kristinehamn, Mariestad, Lidköping och Vänersborg att läggas under vatten.

Kristianstad är en av de städer som ligger lägst i Sverige.

Nu slår Pär Holmberg, klimatexperten och TV-meteorolog larm.

- *Delar av staden måste flyttas*, säger han.

Stora delar av staden ligger på gammal sjöbotten och Sveriges lägsta punkt, 2,41 meter under havsnivån, ligger precis utanför staden.

Utmed Göta Älv finns rasrisker, där landmassor kan glida ut i älven. Detta kan vara förödande för Göteborgs dricksvattenförsörjning.

Fakta du antagligen inte visste om global uppvärmning[40]

I princip alla forskare är överens om att den globala uppvärmningen beror på människans miljöutsläpp och den förbrukning av alla naturresurser som sker i en skrämmande fart.

1 Metangasen från kreaturdjuren är ett större problem än vad hela oljeindustrin är varför vi måste minska vår köttkonsumtion.
2 En sjättedel av alla djur och växter vi känner till idag kommer snart att dö ut på grund av den globala uppvärmningen.
3 Hela 37 % av amerikanarna - inklusive expresident Donald Trump - tror att global uppvärmning är struntprat.
4 På de senaste 50 åren har havsnivån stigit med i snitt 20 cm på grund av att all is som smälter.

5 Nivån av koldioxid i atmosfären har aldrig någonsin varit så hög som den är idag.
6 Åskväder och blixtnedslag kommer att fördubblas till år 2100 om den globala uppvärmningen fortsätter i samma takt som den gör idag.

Konsekvenser av den globala uppvärmningen

Den globala uppvärmningen påverkar oss på många olika sätt. En del konsekvenser kanske vi inte inser direkt. Tidningen Illustrerad Vetenskap har gjort en sammanställning[41,42].

1. **Vin blir dyrt och dåligt**

   Frankrike, Argentina, Chile och Sydafrika rapporterar om minskad vinproduktionen, eftersom druvorna inte klarar av de högre temperaturerna.

2. **Sibirien blir en gigantisk gastrampolin.**

   I marken under den sibiriska permafrost finns det mängder av bakterier som producerar metangas. När isen försvinner kommer gasen upp till ytan.

3. **Nordpolen flyttar till Europa.**

   Den geografiska nord- och sydpolen bildar den axel runt vilken jorden snurrar. Axeln flyttar sig emellertid, och uppvärmningen sätter fart på rörelsen. Den geografiska nordpolen att flytta sig nu mot Europa med en decimeter om året.

4. **Fler vulkanutbrott.**
   En stor del av jordens vulkaner är täckta av is och snö. När det frusna vattnet smälter leder det till fler kraftiga utbrott.

5. **Du blir sjukare.**
   Värmen för smittspridare som malariamyggor sprids längre norrut. Vårt immunförsvar blir svagare och allergisäsongen blir längre.

6. **Luftgropar besvärar flygresenärer.**
   Turbulens är inte farligt, men kan göra flygresan obehaglig.

7. **Smog tar över Peking.**
   Den kinesiska huvudstaden lider svårt av förorenad luft. Det varmare klimatet förändrar luftströmmarna, och det har påverkat framför allt nordöstra Kina.

8. **Kolsyra dödar korallerna.**
   Havet tar upp en stor del av växthusgasen, och det gör att temperaturen stiger långsammare. Det är emellertid inte bra för havet. Koldioxiden bildar kolsyra som är dåligt för havets koraller.

9. **Fuktig värme hotar människan.**
När svett avdunstar från huden tar den med sig värme, men en hög luftfuktighet gör den processen omöjlig. En studie visade att temperaturerna i vissa området under det här århundradet kan nå dödliga nivåer.

10. **Bensin avdunstar på väg in i tanken.**
Bensinstationerna i Australien fick sluta sälja bensin dagtid eftersom den avdunstade innan den nådde ned i tanken på bilarna.

11. **Värme på landningsbanan.**
Kan tvinga flygplanen att stanna på marken eller att vända om för att hitta en annan flygplats att landa på.

8. Varannan kommun hotad

En stor del av Sveriges kommuner har bebyggelse som hotas av översvämningar till följd av ett förändrat klimat.

I dag kostar de naturrelaterade skadorna 1,6 miljarder kronor per år. Det är bara en bråkdel av den kostnad Sverige står inför om vi inte rustar oss för ett extremare väder. Skadestatistik visar tydligt att antalet tillfällen med extrem nederbörd och påföljande skador har ökat markant.

I Göteborg beräknar kommunen med att verksamheter som staden klassar som samhällsviktiga ska klara 3,8 meter högre havsvattennivå (havsnivåhöjning och skyfall). FN:s klimatpanel räknar med en meter lägre men Göteborg har analyserat den senaste forskningen och dragit slutsatsen att klimatpanelen kan ha underskattat framtida havsnivåhöjning.

Klimatanpassning handlar dock inte bara om vatten. Bränder, torka, förändrat grundvatten, högre luftfuktighet och nya sjukdomar är exempel på vad som väntar. Regeringen utreder just nu frågan om klimatanpassning. Målet är att en ny strategi[43].

Bara tre procent av kommunerna har vidtagit nödvändiga åtgärder för att undvika översvämningar som följer i spåren av höga vattenflöden och häftiga regn. En kommun medgav att deras dagvattensystem är byggt i trä.

Sahlgrenska riskerar att slås ut

Om regnet *faller fel* kan Sahlgrenska på bara några timmar svärmas över och fara för liv uppstå. El, värmesystem och avlopp riskeras att slås ut samt göra vägar till och från sjukhuset ofarbara efter ett kraftigt skyfall.[44].

En annan effekt av ett kraftigt skyfall är att hela Göteborg plötsligt står utan drickbart vatten om skred av kvicklera inträffar längs med Göta älv och föroreningar sprids nedströms. Risken finns att det skulle ta flera månader att lösa en sådan situation, vilket skulle leda till sinade reservvattentäkter.

9. Vad vet vi om framtidens klimat?

Vi vet säkert[45,46]:

Jordens medeltemperatur stiger

2016 var det varmaste året som någonsin uppmätts. Den globala genomsnittstemperaturen var 1,1 grad varmare än innan industrialiseringen. Det innebär att världen nu slagit värmerekord tre år i rad[47].

Koldioxid hjälper till att höja medeltemperaturen

Vi släpper ut en massa koldioxid i atmosfären. Haven drar till sig ungefär en tredjedel av all koldioxid i atmosfären, vilket gör att vattnet blir varmare och surare och därmed kommer många korallrev att dö ut.

Haven blir snart *mättade* av koldioxid

Då minskar upptaget av gaserna.

Forskare varnar för att golfströmmen på lång sikt är hotad.

Om koldioxidhalten i atmosfären fördubblas finns en risk att den livsviktiga havsströmmen försvagas dramatiskt, enligt en ny studie.

I vårt bästa möjliga scenario kommer havsnivåerna att höjas med 0,5-1 meter till år 2100

Till och med en sådan rätt sparsam höjning skulle tvinga

upp emot fyra miljoner människor på flykt.

Klimatförändringar
Kommer leda till att extremt väder blir vanligare, och riskerar att förvärra en redan svår situation för de 663 miljoner människor som saknar tillgång till rent vatten. År 2050 förväntas över 40 procent av världens befolkning leva i områden där det råder vattenbrist.

Mest sårbara för extremt väder
Drabbar framförallt länder som redan idag tillhör världens fattigaste.

I Afrika förväntas temperaturökningen
Som följd av klimatförändringarna stiger snabbare än i övriga världen vilket riskerar att leda till mer extremt och opålitligt väder.

Människor som är beroende av jordbruk och boskapsskötsel
Dessa är extra känsliga för extremt väder och andra effekter av klimatförändringar.

Sjukdomar
Sjukdomar så som kolera, trakom, malaria och dengefeber förväntas bli vanligare i områden som utsätts för extremt väder som torka och översvämningar.

Extrema värmeböljor kan drabba över en halv miljard människor[48]

I Mellanöstern och Nordafrika kan man få uppleva extremtemperaturer på uppemot 60°C om koldioxidutsläppen fortsätter uppåt. Forskarna varnar för att extremvärmen kommer att tvinga många människor på flykt mot Europa.

I Bagdad har man redan uppmätt över 50°C. Det kommer att bli vanligt i framtiden.

Slutet av tjugohundratalet kan bli vad man kallar ultraextrema värmeböljor sommartid, med temperaturer över 56 grader i flera veckor i sträck.

- *Temperaturer på 60°C kan inte uteslutas. Men även om man tar ett optimistiskt scenario så kommer det vara områden i regionen med värmeböljor kring 55°C. Då ska man inte vara ute. Kroppen avdunstar så fort att man snabbt drabbas av uttorkning. Det är extremt farligt,* säger klimatforskaren Jos Lelieveld på Max Planck-institutet i Mainz som lett forskningen.

Mot seklets slut riskerar över en halv miljard människor i regionen att årligen utsättas för outhärdlig extremvärme.

- *De värsta värmeböljorna i dag kommer att vara normala i framtiden, och vi kommer trots bromsade utsläpp att få se värmeextremer som vi inte sett tidigare,* säger Jos Lelieveld.

Extrema värmeböljor kan drabba över en halv miljard människor

Extremtemperaturer på uppemot 60°C kan bli verklighet i Mellanöstern och Nordafrika i framtiden om koldioxidutsläppen fortsätter uppåt.

Tyvärr är det så att det klimat som vi får uppleva i framtiden är en konsekvens över hur vi behandlar fossila drivmedel idag.

När temperaturen stiger till uppemot 60°C är det för sent. Forskarna bakom en ny studie varnar för att extremvärmen kommer att tvinga många människor på flykt mot Europa[49].

Vi kanske inte upplever att de åtgärder vi vidtar idag är en särskild stor uppoffring, men vad vi gör idag påverkar det dagliga livet för våra barn och barnbarn.

Redan i dag når temperaturen ibland över 50°C i till exempel Bagdad. Det kommer att bli vanligt i framtiden, tror en grupp forskare i en studie som publicerats i tidskriften Nature climate change. De målar upp ett stekhett

Mellanöstern och Nordafrika om klimatutsläppen fortsätter som i dag.

I slutet av tjugohundratalet kan det enligt forskarnas modeller bli vad de idag kallar ultraextrema värmeböljor sommartid, med detta kommer att bli vanliga temperaturer med över 56°C i flera veckor i sträck.

10. Jordens undergång

Teorier om jordens slut kan inte bara vara vetenskapliga utan även mytiska. Genom historien har det funnits tusentals människor i olika kulturer som menat att jordens undergång var nära. Det kan handla om Guds straff, Jesu återkomst, att en mystisk planet ska krocka med jorden eller liknande. Vi kan mena olika med *jordens undergång*, men oavsett vad teorierna bygger på så kan vara den mänskliga rasens utplåning, eller en mer bokstavlig bemärkelse att planeten förgörs.

Kommer jorden att gå under redan om några veckor[50]

Jordens undergång och alltings slut är något, som ganska få av oss tänker på. Många tänker eventuellt på jättelika asteroider och kometer som utplånar allt liv på vår planet. Men hur stor kontroll har egentligen forskarna på hoten mot jorden?

- *Det har att göra med storleken på asteroiden eller kometen, och de som är så pass stora att de skulle kunna utplåna mänskligheten har man ganska bra koll på. Men ju mindre de blir desto svårare är det att se dem,* säger Eva Wirström, astronom på Chalmers i Göteborg, till Nyheter 24.

En av asteroiderna, Apophis, har en diameter på 300 meter, och som skulle kunna åstadkomma stor förödelse om den skulle träffa jorden. 2029 kommer den att passera jorden innanför månens bana, men forskarna är inte speciellt oroade.

- *Tidigare trodde man att den riskerade bli farlig, men på senare tid har den nedgraderats när man räknat mer noggrant på hur den rör sig,* säger Eva Wirström.

Vetenskapliga teorier handlar oftast om miljöförstöringar, sjukdomar eller kärnvapenkrig. Rent vetenskapligt kan vi göra en prognos:

> Det kommer att ske om mer än fem miljarder år då solen expanderar till en röd dvärg och *äter* jorden.

Skogsbränder, monsterorkaner och jordbävningar kan ge en känsla av hopplöshet. På kort tid har tre rejäla orkaner nått land, en jordbävning med magnituden 8,2 brakade loss i Mexiko och stora skogsbränder har härjat i Kanada[51].

Runt tio procent av världens befolkning bor i dag vid lågliggande kustområden, som hotas av de stigande havsnivåerna.

Man har beräknat att 300 miljoner människor kommer drabbas av årliga översvämningar år 2050 på grund av stigande havsnivåer. Dessutom väntas 150 miljoner människor få sina hem permanent under vatten när tidvattnet rör sig allt högre[52].

En majoritet av dem som kommer att drabbas – ungefär 237 miljoner människor – bor i sex asiatiska länder:

- Kina,
- Bangladesh,

- Indien,
- Vietnam,
- Indonesien,
- Thailand.

Där saknas i dag strukturer för att skydda mot de stigande havsnivåerna.

Karina Barquet, forskare vid Stockholm Environment Institute (SEI), anser att dessa utsatta länderna står inför allvarliga konsekvenser.

- *Många av de kuststäderna, som kommer att bli mest påverkad från stigande havsnivån – som Mumbai, Shanghai, Bangkok och Tokyo – finns i Asien. Dessa är lågliggande städer med hög befolkningstäthet och utbyggd infrastruktur. Kustlinjer som den i Kina kan ha förluster värda miljarder dollar. I länder som Bangladesh ser vi redan livshotande konsekvenser för miljoner utsatta människor,* säger hon.

Har vi underskattat konsekvenserna av stigande havsnivåer?

- *Vi har känt till smältande glaciärer, varmare hav och klimatförändringarna under en lång tid. Men vi har underskattat hastigheten av förändringarna i havet och kryosfären. Det mest angelägna är vår brist på beredskap och acceptans för hur dessa förändringar kommer att påverka våra liv. De flesta människor är inte redo att offra sin livsstil. Stora strukturella förändringar, som kan kräva impopulära beslut från beslutsfattare, är nödvändiga. Inte bara i Kina och Bangladesh, men även hemma i Sverige,* säger Karina Barquet.

Kryosfären betecknar den del av jordens yta och atmosfären som består av is och snö. Även kortvarig snö och is räknas till kryosfären.

Jordens undergång är närmare än vad du tror[53]

Den symboliska klockan står just nu på 23.57 – det är lite bråttom nu.

I Bulletin of the Atomic Scientists skriver forskare...

> ... att spänningarna mellan USA och Ryssland som är på nivåer som påminner om de under kalla kriget, faran som utgörs av klimatförändringar och kärnvapenspridning, inklusive det senaste nordkoreanska testet är de största faktorerna som påverkar beslutet om en eventuell justering av domedagsklockan[54].

Våra fossila koldioxidutsläpp måste vara borta globalt till år 2050. Nu gäller inte om katastrofen kommer utan när.

Världens fattiga länder drabbas värst idag och bedömningen är de kommer att drabbas ännu mer även i framtiden. Att dessa länder är mest utsatta gör hela klimatomställningen till en stor rättvisefråga, vilket ökar fattigdomen[55].

Ur ett fattigdomsperspektiv förväntas klimatförändringarna sänka ekonomisk tillväxt, göra fattigdomsbekämpning svårare, urholka livsmedelssäkerhet, förlänga existerande och skapa nya fattigdomsfällor.

Parisavtalet

187 av världens 197 länder står bakom det slutdokument som förhandlades fram i Paris 2015.

Parisavtalet är ett globalt klimatavtal som framförallt kom till för att begränsa den globala temperaturökningen, och för att stödja dem som drabbas av klimatförändringarnas effekter.

Parisavtalet slår fast att den globala temperaturökningen ska hållas väl under två grader och att man ska sträva efter att begränsa den till 1,5 grader. Detta framförallt genom att minska utsläppen av växthusgaser. En annan del av avtalet handlar om att öka förmågan att anpassa sig till negativa effekter, och att hantera de skador och förluster som uppstår till följd av klimatförändringarna.

Alla världens länder har förbundit sig att genomföra åtgärder som bidrar till att målen i Parisavtalet uppnås. USA gjorde ett undantag när landet formellt lämnade avtalet den 4 november 2020, vilket var dagen efter att en ny president valts.. Den nya administrationen som tillträdde den 20 januari 2021 lämnade samma dag in en begäran om återinträde i Parisavtalet. Idag är USA är formellt med Parisavtalet igen sedan den 19 februari 2021.

Åtagandena som länderna gör ska skärpas successivt och stämmas av globalt var femte år genom en global översyn. Den globala översynen utvärderar ländernas gemensamma insatser i förhållande till Parisavtalets långsiktiga mål.

En grundtanke är att de länder som har bäst förutsättningar ska gå före, och att industrialiserade länder ska ge stöd till utvecklingsländer. Stödet till utvecklingsländerna ska ske genom klimatfinansiering, tekniköverföring och kapital.

Fler länder uppmuntras att bidra till klimatfinansiering framöver.

Parisavtalet är kopplat till FN:s klimatkonvention UNFCCC, en global konvention om åtgärder för att förhindra klimatförändringar. Avtalet beslutades i samband med klimatkonferensen (COP21) i Paris i december 2015, därav namnet. Avtalet trädde formellt i kraft i november 2016.

Koppat till Parisavtalet finns även den så kallade regelboken, ett gemensamt regelverk för hur länderna ska planera, kommunicera, genomföra, rapportera och följa upp sina åtagande under Parisavtalet.

FNs klimatpanel IPCC visar i en rapport att riskerna för växter och djur på global skala kan vara hanterbara om vi stannar under 2°C:s global uppvärmning.

Nedanstående miljöer överlever antagligen inte en global uppvärmning på 2°C.

- Korallreven,
- Arktis
- Småöar i haven - till exempel Maldiverna, men kan kanske klara sig vid 1,5°C global uppvärmning.

I Paris 2015 enades alla världens länder att *om vi ska stanna väl under 2°C global uppvärmning och sikta på att stanna vid 1,5°C global uppvärmning.* Det visade sig att åtaganden och investeringsplaner som länderna gemensamt antog under 2015 medför hela 3°C:s global uppvärmning. Effekter vi ser redan idag vid en grads uppvärmning är en stilla susning.

Fattiga får det svårare

Ohälsa och sjukdomar hos fattiga människor sprider sig snabbare i och med klimatförändringarna.

Skördar blir sämre och slås oftare ut.

Fiskebestånden försämras i tropiska områden där många är helt beroende av lokalt fiske.

Sämre livsmedelssäkerhet

Klimatförändringar har de senaste femtio åren, lett till ökade skördar i vissa regioner men minskade skördar globalt. Det är väldigt tydligt för basföda som vete och majs. Klimatförändringar orsakar även massförflyttning av marina organismer och fiskbestånd, vilket utmanar möjligheterna att upprätthålla produktivitet.

Haven blir varmare och surare

Korallreven är mycket känsliga för kombinationen av varmare, försurade och överfiskade hav och andra mänskliga hot. Korallreven är ett av klimatförändringarnas mest omedelbara offer om vi inte agerar väldigt snabbt. Trots att de bara utgör 1 procent av havens yta är så mycket som 25 procent av arterna i haven beroende av korallreven.

När haven blir varmare flyttar fiskbestånden mot polerna.

Haven vid polerna förväntas bli invaderade av många nya arter, medan hav i tropikerna förväntas uppleva en hög lokal utrotningstakt.

Arktis isar smälter

- Medeltemperaturen vid Arktis ökar mycket snabbare än för resten av planeten.
- 2012 hade havsisarna och snötäcket minskat med 40 procent mer än medelvärdet för de senaste årtiondena.
- Mätningar från National Snow and Ice Data Center, som sköter mätningar åt NASA, visar att isarna och snön smälter allt snabbare.
- När isarna och snötäcket smälter blottläggs mörkare hav och land.
- Mörka ytor absorberar mer värme än ljusa och temperaturen riskerar därmed att stiga ännu mer.

I november 2016 var det 20°C varmare än vad som är normalt för årstiden i Arktis. Detta är mycket varmare än vad forskningsmodellerna har förutspått. Detta oroar WWF såväl som många andra runt om i världen. När Arktis havsisar smälter hotas isbjörnens och sälars livsmiljöer.

Exploatering av Arktis

Havsisen har legat som ett skyddande lock i Arktis. När nu havsisen försvinner sommartid öppnas havet upp och fartyg kan ta sig fram där det tidigare var omöjligt. Nya gruvor öppnas och utvinning av olja och gas är mer intressant i Arktis.

När vatten värms ökar volymen

Smältvatten från ismassor tillkommer. Ö-nationer i Indiska oceanen och Fijiöarna i Stilla havet drabbas redan idag av höjda havsnivåer och några av öarna kan på sikt försvinna helt.

Om vi bränner alla våra fossila kol-, olje- och gasresurser så smälter vi all glaciäris och vi riskerar en havsnivåhöjning på 50 meter på längre sikt enligt Fraunhofer Institute.

Funafuti i Stilla Havet är en av de ö-nationer som riskerar att försvinna helt på grund av klimatförändringarna.

Funafuti är en korallatoll i östaten Tuvalu. Vid 2002 års folkräkning uppgick invånarantalet till 4 492 vilket gör den till landets mest befolkade atoll.

Funafuti består av mellan 20 och 400 meter breda landremsor som omger en stor lagun.

Den ständigt stigande havsnivån hotar att göra ön obebolig. Redan idag drabbas befolkningen hårt av översvämningar, jorderosion och saltvatteninträngning.

Ökade kostnader för katastrofer

Naturkatastrofer kostade 5-6 gånger mer under detta sekels första tio år än på 70-talet. Det visar WMOs rapport *Atlas of Mortality and Economic Losses from weather, climate and water extremes (1970-2012).*

Världsmeteorologiska organisationen (WMO) är en specialiserad byrå för FN som ansvarar för att främja internationellt samarbete om atmosfärsvetenskap, klimatologi, hydrologi och geofysik.

Huvudanledningen är de höjda kostnaderna för översvämningar.

Kostnaderna låg på 7 450 miljarder kronor (864 miljarder dollar) under förra decenniet, vilket motsvarar nästan två gånger Sveriges årliga BNP.

Djur påverkas och den biologiska mångfalden hotas. När klimatet förändras påverkas också livsmiljön för många djur.

Man kan redan idag se hur olika arter anpassar sina vandringsmönster eller får minskad avkomma till följd av klimatförändringarna. Ju mer klimatet påverkas, desto svårare kommer det att bli att anpassa sig till förändringarna. Under de senaste åren har flera WWF-rapporter visat att den biologiska mångfalden är hotad på grund av klimatförändringarna.

Klimatförändringar förvandlar storstäder till livsfarliga ugnar [56]

Slutsatsen i en stor klimatstudie visar att städer riskerar att värmas upp markant snabbare än resten av jordklotet. Exempelvis New Delhi kan i värsta fall bli 8°C varmare än i dag.

I genomsnitt riskerar världens storstäder att bli igenomsnitt 4,4°C varmare till år 2100. Det är slutsatsen från forskare från bland annat Princeton, Berkeley och University of Illinois.

Dessutom är detta utöver de regionala temperaturökningar, som klimatförändringarna redan hotar att ge upphov till.

Om temperaturerna ökar 4°C i Indien till 2100, så bli den sammanlagda effekten upp till 8°C varmare i New Delhi, enligt professorn i klimatfysik Jens Hesselbjerg-Christensen till Danmarks Radio.

Det är i första hand städer i USA, Centralasien, Kina, Mellanöstern, Afrikas och inre Sydamerika som riskerar dessa temperaturökningar. Även europeiska storstäder som

Rom, Madrid och Lissabon kan vänta sig mer extrem värme.

Extrem värme dödar

Städerna täcker bara omkring tre procent av världens totala areal och därför har fokus snarare legat på den globala uppvärmningens påverkan på exempelvis polerna och världshaven.

Uppvärmningen kan betyda liv eller död för stadsbor i framtiden.

Ministrar militärer och forskare: Det är största hotet mot Sverige[57]

I en enkät som Expressen genomfört har ett antal politiker, miltärer och forskare fått frågan:

- *Vad är största hoten mot Sverige säkerhet?*

Här följer svaren:

• Ann Linde (S), utrikesminister	Ryssland
• Klas Friberg, chef för Säkerhetspolisen	Kina
• Micael Bydén, Sveriges överbefälhavare	Vårt närområde
• Peter Hultqvist (S), försvarsminister	Går inte att välja

• Dan Eliasson, fd, generaldirektör på Myndigheten för samhällsskydd och beredskap, MSB	Den digitala utvecklingen
• Fredrik Bynander, chef för Centrum för totalförsvar och samhällets säkerhet vid Försvarshögskolan samt ledamot i Kungliga Krigsvetenskapsakademien	Ett splittrat EU.
• Anders Thornberg, rikspolischef	Våra egna dödsskjutningar
• Nyamko Sabuni, fd. partiledare för Liberalerna	Ryssland
• Mikael Damberg (S), finansminister	En gråzon
• Per Bolund, språkrör för Miljöpartiet	Ett förstört klimat
• Ulf Kristersson, partiledare för Moderaterna	En kombination

Vad oroar svenskar mest?

SOM-institutet gör varje år en undersökning där de bl.a. frågar svenskar vilka ämnen som oroar dem mest. Här nedan hittar du de sju saker som svenskar oroar sig mest över:

- Förändringar i jordens klimat 61 procent

- Miljöförstöring 61 procent
- Terrorism 60 procent
- Ökat antibiotikaresistens 55 procent
- Ökad främlingsfientlighet 45 procent
- Organiserad brottslighet 42 procent
- Ökat antal flyktingar 37 procent

Domedagen

Att global uppvärmning ger stigande havsnivåer är ingeting mot de fasor som kan bli verklighet inom en 30-40 år.

Städer kommer att dränkas och kan leda till klimatpanik, vilket kan skymma andra hot, som ligger betydligt närmare i tiden. Men att fly från kusterna kommer inte att räcka.

Om vi inte ändrar våra levnadsvanor kommer delar av jorden sannolikt snart bli obeboelig. Andra områden kommer att bli ogästvänliga redan vid århundradets slut.

2°C:s temperaturförhöjning brukade betraktas som tröskeln till katastrof. Temperaturökningen medför att tiotals miljoner kan bli klimatflyktingar i en oförberedd värld.

2°C är målet enligt klimatavtalet från Paris, och enligt experterna är oddsen dåliga för att vi ska nå ens det. I rapporter från FN:s klimatpanel visar att vi verkar nå 4°C:s temperaturförhöjning vid början av nästa århundrade om vi fortsätter som hittills. Vissa prognoser visar så högt som 8°C:s temperaturstegring.

Vi tillför kol till atmosfären i avsevärt högre takt än enligt de flesta bedömningar - kanske tio gånger snabbare. Och takten ökar.

Värmedöden

Människor behöver för att överleva svalka sig regelbundet. Temperaturen måste vara låg nog för att luften ska kunna fungera som kylmedel och avlägsna värme från huden.

Vid en sjugradig temperaturstegring skulle en stor del av världen inte få den nödvändiga svalkan, särskilt i områdena nära ekvatorn och i tropikerna där luftfuktigheten förstärker problemet. Exempelvis i Costa Ricas djungler kan luftfuktigheten stiga till 90 procent. Det skulle vara dödligt bara att röra sig utomhus när det är över 40°C varmt.

I den rikare delen världen kan vi med hjälp av luftkonditionering (AC) nå en dräglig inomhustemperatur. Denna möjlighet saknas i många länder.

Vid 11 eller 12°C:s uppvärmning skulle mer än halva världens befolkning, som den i dag är fördelad över planeten, dö direkt av hettan.

Europa har haft de fem varmaste somrar sedan år 1500. Dessa har alla inträffat efter år 2002, och IPCC varnar för att utomhusvistelser under sommarhalvåret kan vara ohälsosamt på stora delar av jorden. Även om vi lyckas nå Parisavtalets mål med 2°C:s uppvärmning, kommer städer som Karachi och Calcutta att bli i det närmaste obeboeliga.

Matens slut

En tumregel för alla spannmål som odlas för att producera stapelvaror och som växer bäst vid optimal temperatur, är att för varje grad som temperaturen höjs så minskar skörden med tio procent.

När planeten är 5°C varmare vid slutet av århundradet, så kommer vi att ha fler människor att föda - närmare 10 miljarder - och hälften så mycket säd att ge dem.

Torka kan bli till ett ännu större problem än hetta när delar av världens bäst odlingsbara marker snabbt blir till öken. Det är mycket svårt att göra långsiktiga nederbördsprognoser men det kommer att bli onormal torka nästan överallt där det produceras mat. År 2080 kommer Sydeuropa att lida av permanent extrem torka.

Även Irak, Syrien och för stora delar av övriga Mellanöstern samt delar av de mest tättbefolkade områdena i Australien, Afrika, och Sydamerika - liksom Kinas spannmålsbodar - kommer att drabbas

Klimatfarsoter

I de arktiska isarna finns sjukdomar som inte har funnits i luften på miljoner år. Vårt immunförsvar har inte en aning om hur det ska stå emot dessa förhistoriska pester.

Arktis innehåller även förskräckliga baciller. I Alaska har man hittat lämningar efter 1918 års influensa, som på sin tid infekterade så många som 500 miljoner och dödade 100 miljoner.

BBC rapporterade att man misstänker att smittkoppor och böldpest ligger fångade i den sibiriska isen. Experter tror dock att många av de här organismerna inte skulle överleva upptiningen.

PPM och PPMV

Uttrycket av koncentrationen betecknas som PPMV eller mg/m^3 (milligram per kubikmeter). PPM används för att beräkna mängden föroreningar som finns i marken och sedimenten. PPMV används för att beräkna mängden luftföroreningar som finns i atmosfären. PPM står i allmänhet för Parts Per Million.

Luften som inte kan andas

Vi behöver syre, men luften innehåller mycket annat som vi andas in. Andelen koldioxid är över 400 ppmv (parts per million) och de mest pessimistiska bedömningarna tror man att halten kommer att nå 1.000 ppmv år 2100. Vid den halten minskar den mänskliga hjärnans kognitiva förmåga med 21 procent.

Man vet också att små ökningar av föroreningar kan förkorta livslängden med tio år. När planeten blir varmare ökar mängden ozon i luften vi andas. Vid århundradets mitt kommer amerikanerna sannolikt att lida av en ökning på 70 procent av ohälsosam ozonsmog.

År 2090 kommer så mycket som två miljarder av jordens befolkning att andas luft förorenad bortom WHO:s *säkra* nivå. En artikel visade att, bland andra effekter, ökar risken för autism så mycket som tiofaldigt kombinerat med andra miljöfaktorer om modern utsätts för ozonföroreningar under graviditeten.

Redan nu dör över 10 000 personer per dag av de små partiklarna som sprids vid förbränning av fossila bränslen. Varje år dör 339 000 personer av röken från skogsbränder, delvis på grund av att klimatförändringarna förlängt den årliga säsongen då det kan bryta ut skogsbränder - i USA 78 dagar längre sedan 1970).

Evigt krig

Klimatexperter är osäkra på om kriget i Syrien har ett samband med torkan, men det är inte helt korrekt att säga att konflikten är resultatet av uppvärmning. I grannskapet har till exempel Libanon genomlidit lika svår missväxt.

Men forskare har kunnat fastställa att för varje halv grads uppvärmning i ett samhälle ökar sannolikheten för väpnade konflikter där mellan 10 och 20 procent.

Ekonomisk kollaps

Ekonomisk tillväxt skall rädda oss från allt och alla. Men efter finanskraschen 2008 har ett växande antal historiker som studerar vad de kallar *fossilkapitalism* börjat föreslå att hela sägnen om snabb ekonomisk tillväxt inte är resultatet av uppfinningsrikedom, handel eller den globala kapitalismens dynamik utan beror helt enkelt på vår upptäckt av fossila bränslen och deras råa kraft – en engångsinjektion av nya *värden* i ett system som tills dess hade karaktäriserats av globalt slit för brödfödan.

Förgiftade oceaner

Havet kommer att bli en mördare. Havsnivåerna kommer att höjas åtminstone 1,2 och möjligen 3 meter till århundradets slut om vi inte radikalt minskar fossila utsläpp. En tredjedel av världens storstäder ligger vid kusterna. För att inte tala om deras kraftverk, hamnar, flottbaser, odlings-marker, fiskerier, floddeltan, sumpmarker och risfält. De kommer att översvämmas mycket lättare och mycket mer regelbundet ju högre vattnet stiger.

I dag lever minst 600 miljoner människor inom tio meters avstånd från havsytan. Men detta hot är bara början. I dag är en tredjedel av världens kol absorberat av oceanerna. Men resultatet är så kallad *försurning av haven*, vilket i sig bidrar med en halv grads uppvärmning under det här århundradet.

Koraller dör eftersom sådana rev härbärgerar så mycket som en fjärdedel av allt marint liv och mat till en halv miljard människor med mat. Även fiskbeståndet hotas av försurningen.

Det stora filtret

I en 6°C:s varmare värld kommer jordens ekosystem att få uppleva många naturkatastrofer. Tyfoner bortom kontroll, tornados, översvämningar och torkperioder. Planeten blir regelbundet överfallen av klimathändelser av sådana slag som för inte så länge sedan förstörde hela civilisationer. De starkaste orkanerna kommer att inträffa oftare, och vi måste uppfinna nya begreppsklasser för att beskriva dem.

Forskarens varning: Det här är den farligaste tiden i mänsklighetens historia

Framlidne fysikern Stephen Hawking lyfte ett varningens finger.

- *Vi befinner oss i den absolut farligaste tidsåldern i den mänskliga historien. Om några hundra år kanske vi har lyckats bilda mänskliga kolonier ute i rymden. Men just nu har vi bara en planet och vi måste samarbeta för att skydda den,* har Stephen Hawking sagt i ett uttalande enligt Mirror UK.

En annan person som har sett tiden vi lever i just nu som ett stort hot är filosofen Richard Rorty. Faktum är att han förutspådde Donald Trumps valvinst redan för 18 år sedan ner på skrämmande detaljnivå.

Skulle jorden gå under om månen plötsligt försvann?
Den hänger ju mest runt där uppe, månen, och är väl inget man egentligen tänker på. Men vad skulle hända om den plötsligt försvann?

Först av allt: Månen kommer med allra största sannolikhet inte försvinna i morgon. Risken är närmande noll. Men vad skulle egentligen hända om den ändå, mot alla odds, plötsligt bara var borta?

Precis det här har Live Science tagit reda på, och de har dåliga nyheter för dig som gillar tidvatten.

Tidvatten är nämligen den största förändringen som skulle ske vid vår närmaste himlakropps försvinnande. Det är ju månens gravitation som gör att havet stiger och sjunker. Det här är kanske inte en superförlust för dig personligen, men tidvattenzonen är faktiskt ett eget ekosystem. Utan tidvatten skulle alltså många av zonens djur och växter antagligen försvinna.

En annan effekt, som dock skulle ligga långt fram i tiden, är att våra årstider skulle kunna försvinna. Våra stabila årstider beror på vår planets lutning. Utan den stabilitet som månen ger så skulle andra större himlakroppar börja påverka jorden. Detta skulle kunna få effekten att jorden flippade över som en pannkaka, och den del som då pekar bort mot solen skulle få evig natt och vinter. Men det här skulle ta ett tag, antagligen sisådär ett par miljoner år.

Så utan månen skulle våra liv fortsätta ungefär som vanligt, fast utan tidvatten och med potentiellt oändlig senhöst. Men visst vore det ändå lite trist?

Så påverkas Sverige när temperaturen stiger[58]

Enligt SMHI är risken för skyfallsliknande händelser något vi får räkna med framöver. Över lag blir Sverige blötare – men också torrare. Och de riktigt kalla vinterdagarna kan bli ett minne blott.

I Själland i Danmark fick flera vägar stängas av efter kraftiga skyfall. Bilar hamnade under vatten och en motorväg fylldes av stinkande kloakvatten.

Om man tittar på de observationer som gjorts är extrema skyfall väl spridda geografiskt i Sverige, de kan komma nästan var som helst. Händer det i skogen blir effekten mindre än i en storstad. I Danmark blev kostnaderna för samhället skyhöga.

Detta får vi se mer av i framtiden. Nederbörden ökar med

ett varmare klimat, och vi får också kraftigare skurar. SMHI har med globala klimatmodeller undersökt hur Sverige påverkas om det blir 2°C varmare i världen.

Temperaturen ökar mer i Sverige än på jorden i genomsnitt, på grund av den så kallade arktiska återkopplingen.

Den arktiska återkopplingen innebär att mer solljus kan absorberas när de ljusa isarna i Arktis smälter, därmed höjs temperaturen ytterligare. En ond cirkel.

Men många anledningar borde vi ta detta på allvar. Av tänkbara hot står vi människor för dessa. Det är vi som befolkar jorden, som är ansvariga, bortsett från vulkaner och krockar med olika himlakroppar.

Starkast effekt i norra Sverige[59]
När den ljusa, reflekterande isen försvinner kan mycket mer solljus absorberas, vilket gör att uppvärmningen förstärks. När den globala genomsnittstemperaturen ökar med en grad är skillnaden som störst i Arktis.

Den svenska sommaren blir 1-2°C varmare när det blir 2°C varmare klimat på jorden. På vintern är förändringen större, 2–5°C. Det medför att vi får mer nederbörd.

Nederbörden ökar hela året med blir störst på vintern i

synnerhet i Norrland. Effekten av det kan bli att det ändå blir torrare i marken eftersom avdunstningen ökar med en varmare temperatur.

Problem med färskvattnet[60]

Torrare mark, vilka problem finns med det?

- *Förutom att man tvingas vattna mer i jordbruket är ett problem att grundvattennivån kan komma att minska. I Blekinge, på Öland och Gotland har man problem med det redan nu, med saltvatteninträngning från Östersjön. Det kan förstöra färskvattenreserverna, så det är allvarligt,* säger Gustav Strandberg. SMHI.

Samtidigt finns det också positiva effekter med ett varmare klimat.

- *Växtsäsongen blir längre i hela landet. Men den största effekten av det får man förmodligen i Norrland där växtperioden är kortare. Då kan man kanske hinna med en sådd extra. Allt kommer att växa bättre, även skogen,* säger Gustav Strandberg.

Men ett varmare klimat kan även medföra större problem med skadeinsekter, som kan bli fler.

- *De kan hinna med en äggläggning till om det blir varmare och det kan komma in nya arter söderifrån och rubba den ekologiska balansen,* säger Gustav Strandberg.

I Sverige är inte skadeinsekterna så drastiska som på många andra håll.

- *Att det blir lite blötare och varmare kan man hantera. Det, tillsammans med ökad koldioxidhalt, kan till och med ge positiva effekter för skogs- och jordbruket. Men om man tittar på hela samhället så överväger det negativa. Vi lär få problem med översvämningar, sanderosion, värmeböljor och skogsbränder – vilket kan bli ganska kostsamma händelser,* säger han.
- *Vi har tre olika scenarier med olika utsläppsmängder. Själva mönstret för hur förändringen ser ut är väldigt likt hos alla tre, det som skiljer är bara hur kraftiga effekterna blir. Den största osäkerheten är hur stora de framtida utsläppen av växthusgaser blir. Inte modellerna i sig,* förklarar Gustav Strandberg, SMHI.

Klimatförändringar förvandlar storstäder till livsfarliga ugnar[61]

Städer kommer att värmas upp snabbare än resten av jordklotet, enligt en stor klimatstudie.

Fram till år 2100 räknar forskare från bland annat Princeton, Berkeley och University of Illinois med en temperaturstegring på i genomsnitt 4,4°C i en del större städer utöver de regionala temperaturökningarna, som klimatförändringarna redan hotar att ge upphov till. I Indien beräknar man att temperaturen ska öka med 4°C år 2100, så det kan totalt bli 8°C varmare i New Delhi.

Storstäder i USA, Centralasien, Kina, Mellanöstern, Afrikas och inre Sydamerika och även europeiska städer riskerar olidliga temperaturökningar.

Forskarna har sällan fokuserat på städer i tidigare förutsägelser om klimatförändringarna. Städerna täcker bara omkring tre procent av världens totala areal. Uppvärmningen kan nämligen betyda liv eller död för stadsbor i framtiden.

Vad skulle hända om all is på jorden smälte?[62]

Om all is på jorden smälte skulle det få fatala konsekvenser över hela världen. Värst skulle Nordamerika och Europa drabbas, där delar av kontinenterna skulle försvinna helt. Världshaven skulle stiga cirka 70 meter.

En total avsmältning av isen kräver dock en varmare jord än vår. Förutom dessa 70 meter skulle det därför komma ytterligare 30 meter från vattnets värmeutvidgning. Vatten ökar sin volym vid uppvärmning.

Konsekvenser för Europa

Vattnet skulle dock inte stiga lika mycket överallt på jorden. Vatten som smälter från Grönland rinner runt i södra Stilla havet, medan is som smälter från Antarktis får havet att stiga bland annat runt Europa och Nordamerika.

Enligt FN:s klimatpanel behöver temperaturen bara öka mellan 1 och 4°C från den nuvarande temperaturen för att hela Grönlands inlandsis ska försvinna på endast 1000 år.

Växthuseffekten[63]

Den förväntade temperaturstegringen är en följd av växthuseffekten. Denna effekt kan vi påverka. Här följer några goda råd för att minska växthuseffekten.

Energibesparing

Tilläggsisolera och köp värmepump för att ta vara på värmen så mycket som det går.

Ta bort oljan

Välj bort oljan som värmekälla till huset. Av de värmekällor som finns är fjärrvärme bäst för miljön.

Välj miljömärkt

Det gäller inte bara mat utan även exempelvis elbolag.

Ät vegetariskt

Att börja med en dag i veckan gör stor skillnad.

Åk kollektivt eller ta cykeln.

Köp miljöbil

Måste du ha bil så köp en som drar lite bensin, eller varför inte en elbil?

Flyg inte

Flyget står för en mycket stor del av utsläppen. Skulle färre flyga skulle efterfrågan bli mindre och färre avgångar skulle genomföras varje vecka. Den som flyger till Thailand tur och retur skapar (per person) lika mycket utsläpp av växthusgaser som sker av en bil i genomsnitt på ett år.

Återvinn och laga

Att laga, återvinna och handla på Second Hand gör att färre produkter behöver produceras och transporteras.

Spara etiskt

Spara i etiska fonder eller miljöfonder. Dessa har regler att enbart investera i företag som långsiktigt jobbar för en bättre miljö.

Observera:

- De rikaste 10 procenten står för cirka hälften av alla koldioxidutsläpp i världen.

- Samtidigt står de fattigaste 50 procenten för mindre än 10 procent av utsläppen.
- Den rikaste 1 procenten släpper ut dubbelt så mycket som den fattigaste hälften[64].

Flera studier pekar på att de globala utsläppen av koldioxid kan komma att minska 4-8 procent under 2020, jämfört med utsläppen 2019. Utsläppsminskningen förväntas dock vara tillfällig. Preliminära siffror för utsläppsåret 2020 publiceras i maj 2021 och slutliga siffror i december 2021.

Domedagsglaciären smälter snabbare än väntat

I västra Antarktis går issmältningen snabbare än man tidigare känt till. Vid den så kallade Domedagsglaciären går nersmältningen snabbare än väntat[65].

Thwaitesglaciären kallas Domedagsglaciären för att den innehåller oerhörda mängder is, som kan höja havsytan globalt med två-tre meter på längre sikt. Forskarteamet har gjort undersökningar med en obemannad ubåt under glaciären och undersökt havsströmmarna och hur mycket smältvatten som flödar ut.

Man fann att glaciären smälter snabbare och att det är fler varma havsströmmar, som från alla håll smälter glaciären underifrån. Glaciären kan snart förlorar stödet mot stabiliserande punkter på havsbottnen.

Mänskliga civilisationens undergång

I en rapport från Breakthrough - National Centre for Climate Restoration | breakthroughonline.org.au. finns en genomgång över konsekvenserna av klimatförändringar, som vi kommer att drabbas av.

Sverige drabbades av flera skogsbränder sommaren 2018[66].

- En miljard klimatflyktingar från tropiska områden,
- Amazonas och korallrev kollapsar,
- Nationer suddas ut i stigande vattennivåer och
- Kärnvapenkrig hotar.

Civilisationen som vi byggt upp under 2000 år kan gå under i kaos – år 2050.

Global uppvärmning värsta hotet efter kärnvapenkrig

Förordet i rapporten *A scenario approach* är skrivet av pensionerade generalen och tidigare överbefälhavaren för Australiens försvarsmakt, Chris Barrie.

- *Efter kärnvapenkrig är global uppvärmning orsakad av människan det största hotet mot mänskligt liv på planeten*, skriver Chris Barrie och fortsätter:

- *Dagens 7,5 miljarder människor är redan den mest rovdjursmässiga art som någonsin existerat, ändå har befolkningskurvan ännu inte toppat och kan nå 10 miljarder.*

Rapportens katastrofala scenario

Åren 2020-2030

- Beslutsfattare har trots varningar om att temperaturen kommer öka med 3 grader under århundradet inte ställt om ekonomin till nollutsläpp och inte genomfört koldioxidutjämningar.
- Åtgärder som enligt rapportförfattarna skulle ha krävts för att hålla uppvärmningen nere på 2 grader, en uppvärmning som också kan få katastrofala följder i olika delar av världen.
- 2030 har koldioxidnivåerna ökat till 437 partiklar per miljon – vilket saknar motsvarighet under de senaste 20 miljoner åren – och den globala uppvärmningen har ökat med 1,6 grader.

Åren 2030-2050

- Utsläppen når en topp 2030. En 80-procentig minskning i användandet av fossila bränslen år 2100 jämfört med 2010. Den globala uppvärmningen fram till 2050 ha ökat med 2,4 grader.
- Till det kommer ytterligare en temperaturhöjning

på 0,6 grader, enligt scenariot.

- Temperaturen stiger alltså med 3 grader fram till 2050. Enligt rapportförfattarna är det långt ifrån ett extremt scenario.
- En rapport från klimatforskarna, Yangyang Xu och professor Veerabhadran Ramanathan vid University of California, har räknat fram att den globala uppvärmningen fram till 2050 kan landa på mellan 3,5 och 4 grader.

År 2050

- Tröskeln för att rädda Antarktis västra istäcke, och att undvika isfria somrar på Arktis, passerades vid 1,5 graders uppvärmning.
- Gränsen för att behålla istäcket på Grönland passerades med råge vid 2 graders uppvärmning.
- Gränsen för utbredd permafrost och för att rädda Amazonas regnskog från uttorkning vid 2,5 graders uppvärmning.
- Havsnivåerna har ökat med 0,5 meter och väntas stiga med mellan 2 och 3 meter fram till 2100.
- Havsnivåerna kommer att ha stigit med mer än 25 meter, baserat på historiskt faktaunderlag.
- 25 procent av den globala landytan, och 55 procent av jordens befolkning, utsätts under mer än

20 dagar om året för dödlig hetta, bortom tröskeln för mänsklig överlevnadsförmåga.

- Tillsammans med den långsammare Golfströmmen påverkas livsuppehållande ekosystem i Europa.
- Nordamerika drabbas av förödande extremväder med skogsbränder, hetta, torka och översvämningar.
- I Kina uteblir sommarmonsunen och vattennivån i Asiens stora floder minskar kraftigt på grund av att en tredjedel av Himalayas istäcke har försvunnit.
- Sydamerikas bergsmassiv Anderna förlorar 70 procent av glaciärerna och regnnederbörden över Mexiko och Centralamerika halveras.
- Förhållanden som vid väderfenomenet El Niño blir mer eller mindre permanenta.
- 30 procent av jordens landyta drabbas av ihållande torka.
- I södra Afrika, vid södra Medelhavskusten, Västasien, Mellanöstern i Australiens inland och över sydvästra USA, sker allvarlig ökenbildning.
- Fattigare länder som inte kan erbjuda luftkonditionerade miljöer åt sina invånare kan inte fungera.
- En miljard människor tvingas lämna den tropiska zonen i Västafrika, Sydamerika, Mellanöstern och

sydöstra Asien.

- I de flesta regioner i subtropiska, och torra tropiska, områden minskar tillgången på vatten kraftigt vilket påverkar 2 miljarder människor.
- Odling blir ohållbart i torrare tropiska områden.
- Bangkok hör till de storstäder som riskerar att avfolkas när floddeltan svämmar över.
- Mekong, Ganges and Nilens floddeltan översvämmas vilket leder till betydande avfolkning i några av världens största städer. Chennai, Mumbai, Jakarta, Kanton, Tianjin, Hongkong, Ho Chi Minh, Shanghai, Lagos, Bangkok och Manila, överges till stora delar. 10 procent av Bangladesh översvämmas vilket driver bort 15 miljoner människor.

Möjligt slutscenario

- Kärnvapenkrig och civilisationens undergång.
- Vid en temperaturökning med 2 grader kan det skapas en miljard akuta klimatflyktingar.
- I värre scenarion så går det inte ens att skapa modeller av förödelsen.
- Den är för omfattande, och sannolikt kommer leda till slutet för den mänskliga civilisationen.
- Scenariot togs fram av en grupp amerikanska seniora säkerhetsrådgivare 2007.

Alla blir överrumplade av kraften i klimatförändringarna och andra utmaningar som följer med, som pandemiska sjukdomsutbrott.

- Dramatiska ökningar av migration och förändringar i odlingsmönster och vattenbrist kommer utsätta länder för stora påfrestningar.
- Översvämningar av kuststäder, framför allt i Nederländerna, Sydasien och Kina, kan leda till utmaningar mot regioner och nationella identiteter.
- Sannolikt kommer väpnade konflikter om naturresurser att utbryta mellan olika länder, som vid Nilen, där kärnvapenkrig är ett möjligt scenario.
- Sociala konsekvenser spås bli allt från uppflammande religiositet till fullt kaos.

Kan klimatförändringarna utplåna oss människor?[67]

En internationell forskargrupp har nyligen publicerat en ny rapport. Där visas att de katastrofala följderna av klimatförändringar inte tas på tillräckligt stort allvar.

Enligt gruppen med forskare från England, Kina, USA, Nederländerna, Tyskland och Australien kan en del specifika omständigheter komma att dominera bilden.

- *De fyra bärande elementen i klimatförändringarnas slutspelsscenario är högst sannolikt hungersnöd och undernäring, extremt väder, konflikter och vektorburna sjukdomar. De fyra kommer att förvärras av andra riskeffekter som ökad dödlighet till följd av luftförorening och stigande vattenstånd i världshaven*, skriver forskarna i sin rapport.

År 2070 kommer två miljarder människor att leva i områden med en genomsnittstemperatur på 29 grader.

De poängterar vidare att den nuvarande forskningen om den globala uppvärmningens potentiella skadeverkan huvudsakligen koncentreras på de ekonomiska och klimatmässiga konsekvenserna av en temperaturökning på cirka en och en halv till två grader Celsius.

Parisavtalet binder de medverkande länderna att begränsa sin klimatbelastning, så att temperaturökningen stannar inom detta relativt snävare område.

Med hjälp av datormodeller har man räknat ut att år 2070 kommer cirka två miljarder människor bor i utsatta områden att leva med genomsnittstemperaturer på 29 grader.

I dag är det omkring 30 miljoner människor i Sahara och vid Golfkusten som lever med temperaturer på den nivån.

En fjärdedel av jordens befolkning kommer 2070 att leva i ökenklimat, och därtill kommer hungersnöd, klimatkrig, nya sjukdomar och ekonomisk kollaps.

Vi hotas av livsmedelskriser, finanskriser, sjukdomsutbrott, konflikter med mera.

Forskarna har även fokus på potentiella områden där temperaturstegring kan leda till andra händelser, som i sin tur får temperaturen att stiga ännu mer och nämner som exempel metanutsläpp från smältande permafrost, eller att skogar börjar släppa ut koldioxid i stället för att absorbera det.

Det handlar inte bara om vad högre temperaturer kan komma att leda till, utan även hur klimatförändringarna generellt sett kan utlösa en kaskad av konsekvenser.

11. Klimatförändringar orsakade av människan

Ny metod visar tydligt samband mellan klimatförändringar och extremväder

Är extremväder normala väderhändelser för året, eller beror de på klimatförändringarna? Nu finns nya metoder för att vetenskapligt kunna belägga sambanden[68].

- *Det går inte att säga att en enstaka storm eller värmebölja är en direkt konsekvens av klimatförändringarna*, säger Erik Kjellström, professor i klimatologi på SMHI.
- *Men den globala uppvärmningen gör att vissa väderhändelser blir vanligare och ofta mer intensiva.*

Vi ser flera klimathändelser:

- Torka och skogsbränder har härjat i både Australien och i Kalifornien.
- Sibirien har haft temperaturer långt över de normala under det första halvåret, vilket påverkat istäcket i Arktis som var rekordlitet i juli.
- Japan och Kina har drabbats av svåra översvämningar under sommaren.

Kopplingen mellan dessa händelser och klimatförändringarna har diskuterats.

Kina drabbas återkommande av översvämningar och Sibirien har haft varma perioder förr. Det är inte enkelt att skilja på vad som är en normal, om än ovanlig väderhändelse, och vad beror på den globala uppvärmningen?

Metoden kallas för *extreme event attribution* och forskare har med hjälp av beräkningar kunnat slå fast att risken för de höga temperaturer som ledde till bränderna i Australien och rekordvärmen i Sibirien ökat väsentligt på grund av klimatförändringarna.

- *Förutsättningarna för den typ av värmebölja som ledde fram till bränderna i Australien är ungefär dubbelt så stora i dagens klimat, jämfört med hur det var i början av 1900-talet, enligt klimatmodellerna*, säger Erik Kjellström.

Extreme event attribution
Extrem händelseattribution, även känd som attributionsvetenskap, är ett relativt nytt studieområde inom meteorologi och klimatvetenskap, som försöker mäta hur pågående klimatförändringar direkt påverkar de senaste extrema väderhändelserna[69].

Klimatförändringar utgör ett grundläggande hot mot arter och samhällen – och även människors överlevnad[70].

För att hantera denna situation på ett tillfredsställande

sätt måste vi snabbt minska kolutsläpp och förbereda oss för konsekvenserna av den globala uppvärmningen.

Vi märker redan idag hur vårt dagliga liv påverkas med livsmedelspriser, som stiger och minskad tillgång på rent dricksvatten.

Klimatförändringarna kan få 50 procent av världens arter att försvinna till år 2100[71]

Det biologiska mångfalden är i fara på grund av klimatet. Klimatförändringar utgör ett grundläggande hot mot arter och samhällen – och även människors överlevnad.

Vi måste förbereda oss för konsekvenserna av den globala uppvärmningen.

Klimatförändringarna påverkar vårt dagliga liv med dyrare livsmedel och minskad tillgång på rent dricksvatten.

från 2019 undersöker i vilken utsträckning länder och regioner har påverkats av effekterna av väderrelaterade händelser.

Vi kommer att drabbas av:

- Intensiv torka,
- Stormar,
- Tornados,
- Cykloner,
- Värmeböljor,
- Stigande havsnivåer,
- Smältande glaciärer
- Varmare hav

Detta kan skada människor och djur och förstöra de platser där vi bor och vara förödande för människors försörjning.

Några effekter:

- Stora apor i Sydostasien hotas av utrotning på grund av avverkning där nästan 75 procent av skogen riskerar att gå förlorad.
- Både lägre nederbörd och högre temperaturer påverkar den asiatiska elefantens livsmiljö negativt.
- Minskad fortplantningskapaciteten hos hotade arter.

- Giraffens population har minskat med 40 procent under de senaste 30 åren.
- Valar förlitar sig på specifika havstemperaturer för migration, mat och fortplantning.
- Hajar har svårt att jaga och har en högre embryo-dödlighet på grund av havets temperatur och surhet, som ökar över hela världen.
- Stigande temperaturer i Stilla Havet tvingar hajar 30 kilometer norrut varje år.
- Stigande havsnivåer hotar oceaniska fågelarter på0 grund av klimatförändringar. Stigande vatten sänker deras bon på kusten.
- Högre temperaturer äventyrar korallrev.
- Fortsatt värmestress orsakar korallblekning som ofta är dödligt, där koraller svälter på grund av näringsbrist.

Försurning kan hota plankton, vilket är nyckeln till överlevnad av större fiskar och kan göra många områden i havet ogästvänliga.

Även insekterna lider av klimatförändringar. Om planeten skulle värmas upp till 3,2° C sjunker arterna med 49 procent år 2100.

Klimatförändringar

Klimatförändringar är det tysta hotet som avslutar liv på

jorden och som sker snabbt framför våra ögon.

Vi är medskyldiga till klimatförändringarna. Men klimatet förändras och orsaken till detta är människans aktiviteter. Främst handlar det om av utsläpp av växthusgaser, aerosoler och hur människan använder markytan[72].

Förändringen i solinstrålningen och ett par större vulkanutbrott, beräknas ha gett en avkylande effekt. Men jordens medeltemperatur har stigit vilket kan förklaras av utsläpp av koldioxid och andra växthusgaser till atmosfären.

Påverkan på jordens klimat sedan mitten av 1700-talet består av förändringar i ett antal faktorer såsom växthusgaser, partiklar och naturliga faktorer. Växthusgasutsläppen låg på tämligen låga nivåer fram till mitten av 1900-talet. Sedan dess har de ökat kraftigt. Under de senaste 30–50 åren har utsläppen varit drivande för den fortsatta uppvärmningen av jorden.

Hur framtiden blir kan beror på utsläpp som redan gjorts påverkar den fortsatta klimatförändringen. Klimatet förändras framför allt utifrån den ackumulerade utsläppsutvecklingen.

Växthusgaser

Strålningsflödena genom jordatmosfären påverkas av atmosfärens sammansättning och innehåll av partiklar (aerosoler) samt moln. Vi människan har genom förbränning av fossila bränslen förändrat atmosfärens sammansättning. Eftersom halten av växthusgaser i atmosfären ökar så ökar den så kallade växthuseffekten.

De vanligaste växthusgaserna har förekommit som gaser

i atmosfären har ökat markant sedan industrialismens början, och särskilt under de senaste decennierna.

Den kraftiga befolkningsökningen under de senaste 200 åren har medfört att byar har växt till städer och städer till storstäder. Järnvägar och vägar har byggts och skog har huggits ned eller bränts för att bereda ny åkermark.

När skog avverkas och ersätts av grödor, gräsmark eller öknar ökar vanligen albedot och därmed ökar reflektionen av den kortvågiga strålningen.

Albedo
Albedo är ett mått på reflexionsförmåga, eller den andel av en strålning som återkastas av en belyst yta eller en kropp.

Klimatförändringarna har lett till tydliga hälsoeffekter

- Varje år dör 300 000 människor till följd av att temperaturen höjs i världen.
- 325 miljoner människor är allvarligt påverkade av den globala uppvärmningen – en siffra som kommer att ha fördubblats år 2030 om ingenting görs.
- Vattenstånden i haven höjs och tillgången till mat och vatten reduceras - det i sin tur ökar sjukdomar som undernäring, malaria och diarré.

- **99 procent av de som dött på grund av klimatförändringar bor i länder som i sin tur bara står för 1 procent av världens utsläpp.**

Målet för att undvika att temperaturen stiger ytterligare bör 50 procent av alla koldioxidutsläpp försvinna innan år 2050.

Extrema värmeböljor kan drabba över en halv miljard människor

Temperaturer på uppemot 60 grader kan bli verklighet i Mellanöstern och Nordafrika i framtiden om koldioxidutsläppen fortsätter uppåt. Extremvärmen kommer att sannolikt att tvinga många människor på flykt mot Europa[73].

I Bagdad kan man redan idag når temperaturen på ibland över 50 grader. En grupp forskare tror att detta blir vanligt förekommande i framtiden. De tror på ett stekhett

Mellanöstern och Nordafrika om klimatutsläppen fortsätter som i dag.

I slutet av tjugohundratalet tror man att det kan bli ultraextrema värmeböljor sommartid, med temperaturer över 56 grader i flera veckor i sträck.

- *Temperaturer på 60 grader kan inte uteslutas. Men även om man tar ett optimistiskt scenario så kommer det vara områden i regionen med värmeböljor kring 55 grader. Då ska man inte vara ute. Kroppen avdunstar så fort att man snabbt drabbas av uttorkning. Det är extremt farligt,* säger klimatforskaren Jos Lelieveld på Max Planck-institutet i Mainz som lett forskningen.

En halv miljard människor i regionen kommer att ara i riskzonen att årligen utsättas för outhärdlig extremvärme.

- *Städerna fungerar som "värme-öar" så det blir ännu värre där. Temperaturer på långt över 50 kommer att bli det nya normala. Och det är temperaturer som vare sig människor eller djur kan överleva i.*

Även om utsläppen bromsas ner till noll vid seklets mitt så kommer uppvärmningen ändå att fortsätta i regionen, enligt forskarna.

- *De värsta värmeböljorna i dag kommer att vara normala i framtiden, och vi kommer trots bromsade utsläpp att få se värmeextremer som vi inte sett tidigare,* säger Jos Lelieveld.

Framtidens heta somrar kommer att tvinga många människor i Mellanöstern och Nordafrika på flykt norrut.
- *Om man har råd med luftkonditionering kan man stanna. Men om man inte har det tror jag att människor kommer att börja migrera. Jag tror inte att de kommer att åka till tropiska Afrika, utan mot Europa. Så det handlar inte bara om att avvärja en mänsklig katastrof, utan Europa har även ett egenintresse i att se till att det här inte händer,* säger Jos Lelieveld.

Försurning

All mänsklig aktiviteter bidrar till ökad försurning av mark och vatten. Konsekvensen blir fiskdöd i vattendrag och försvåra bildningen av kalkskal i havet. Vi har fått en viss återhämtning sedan 1990-talet men i den marina miljön går åt fel håll, till följd av ökad koldioxidhalt i luften[74].

Grundvattnet försuras innan sjöar och vattendrag drabbas. Detta beror på att grundvattnet har långa omsättningstider. och att skogsmarkens surhetsgrad är oförändrad.

Försurade sjöar och vattendrag finns i huvudsak i sydvästra Sverige. En återhämtning är på gång, men den fördröjs av rester från tidigare försurande utsläpp i marken.

Försurning orsakar skador på livet i sjöar och vattendrag. Många växt- och djurarter påverkas och antalet arter minskar när mark och vatten försuras. Vid kalkning tillförs kalciumkarbonat. När kalken kommer i kontakt med vatten frigörs kalcium och vätekarbonat, vilket höjer pH och alkalinitet.

Försurning orsakar skador på livet i sjöar och vattendrag. Vid kalkning tillförs kalciumkarbonat. När kalken kommer i kontakt med vatten frigörs kalcium och vätekarbonat, vilket höjer pH och alkalinitet.

Människans påverkan på klimatet

I stort sett alla klimatforskare är eniga om att den accelererande klimatförändring vi ser i dag kommer från mänskliga aktiviteter. Växthuseffekten och den globala uppvärmningen är ett faktum[75].

Den temperaturökning vi ser idag är resultatet av de utsläpp som skett historiskt. Sedan industrialismens början har mängden koldioxid i atmosfären ökat markant. Den största delen av ökningen dateras till tiden efter andra världskriget.

Haven buffrar värme – tills gränsen nås. Men inte ens eftersom med ett tvärstopp av koldioxidutsläpp skulle vi helt undvika en viss fortsatt klimatförändring. Koldioxid har en halveringstid på 35 000 år och ackumuleras i atmosfären. Det finns en inbyggd tröghet i klimatsystemet genom att världshaven fungerar som en buffert.

Enligt Havsmiljöinstitutet har haven absorberat 93 procent av all värme som genererats på grund av växthusgaser de senaste 50 åren. Men förr eller senare blir haven så varma och fulla av koldioxid att de avger mer än de tar upp.

De utvinningsbara reserver vi har av fossil kol, olja och gas är åtminstone sex gånger större än de koldioxidutsläpp vi har råd med framöver. Vi måste lämna fossilenergi-åldern långt, långt innan de fossila reserverna och resurserna är slut – senast år 2050 globalt.

Vi behöver märkas i all samhällsplanering och alla investeringsbeslut som vi tar i dag.

Rika länder bakom mesta koldioxidutsläppen

Den rika delen av världen ligger bakom de mesta av utsläppen som påverkar vårt klimat. G8-länderna (USA, Storbritannien, Kanada, Frankrike, Tyskland, Italien, Japan och Ryssland) orsakade tidigare nästan hälften av de globala koldioxidutsläppen och står fortfarande för mycket stora utsläpp per person.

Kina har under de senaste tjugo åren gått från att ha relativt låga utsläpp till att bli världens största utsläppare av växthusgaser per år.

Industrierna viktiga i omställningen

Industrin står för en tredjedel av de globala växthusgasutsläppen, främst genom den fossila kol, olja och gas som används till att driva industrins produktionsprocesser.

Tillverkning av metaller som stål, kemiska produkter, trävaror, livsmedel, textilier, transportmedel, maskiner, elektronik, gummi och plast kräver energi som tyvärr domineras av fossila resurser globalt. Det är av högsta vikt för klimatet att industrierna effektiviseras markant och att nya fossilenergifria tillverkningsprocesser testas och används både här i Sverige och i övriga världen.

Utsläpp av växthusgaser

- El- och värme (samtliga sektorer) 25 %
- Jord- och skogsbruk 24 %
- Industrin 21 %
- Transporter 14 %
- Övrigt 9,6 %
- Byggnader 6,4 %

Den största delen av dagens utsläpp av växthusgaser kommer från industrin, byggnader, transporter och den el- och värmeproduktion som sker för att förse dessa med energi.

Fossila bränslen orsakar tre fjärdedelar av de totala växthusgasutsläppen.

En fjärdedel av utsläppen orsakas av avskogning, jordbruk och djurhållning.

Här är Sveriges 10 största koldioxidutsläppare
På grund av ökad användning av fossila bränslen ökade koldioxidutsläppen från industrier i Sverige under 2018[76].

Sveriges 10 största koldioxidutsläppare står för nära hälften av Sveriges totala koldioxidutsläpp och 37 procent av landets alla växthusgasutsläpp.

Trots att Sverige förbundit sig i Parisavtalet och i vår egen klimatlag ökade 2018 industriutsläppen med 445 000 ton, Detta rapporterar Sveriges Natur.

Här är listan över de svenska värstingindustrierna:

1. **SSAB**

   Ståltillverkare som står för nästan tolv procent av Sveriges totala koldioxidutsläpp.

   SSAB deltar i ett samarbete LKAB:s och Vattenfall i projektet HYBRIT.

   HYBRIT ska revolutionera järn- och stålbranschen. HYBRIT (Hydrogen Breakthrough Ironmaking Technology) ska tillsammans utveckla en fossilfri värdekedja för järn- och stålproduktion med fossilfri el och vätgas och på så sätt minimera koldioxidutsläppen i hela värdekedjan. HYBRIT-tekniken innebär att vi ersätter masugnsprocessen, som använder kol och koks för att ta bort syret ur järnmalmen, med en direktreduktionsprocess där man använder fossilfri vätgas[77].

Vätgaslager bedöms spela en väldigt viktig roll för framtida effekt- och energibalansering och storskalig vätgasproduktion. Lagret beräknas att vara färdigt och i drift från år 2022 fram till 2024.

SSAB ökade inte sina utsläpp under 2018. De verksamma i Borlänge, Luleå och Oxelösund.

2. **Cementa**

Tillverkar cement. Man ökade utsläppen med mer än 150 000 ton. Verksamhet på Gotland och Öland, samt i Skövde.

Världens vanligaste byggmaterial är också ett av de sämsta – när det gäller utsläppen av koldioxid. Men ny forskning visar att det går att göra klimatvänligare cement genom elektrolys.

Tillverkningen av cement står för åtta procent av världens utsläpp av växthusgaser. I Sverige ligger cementindustrin på andra plats som största utsläppare, strax efter stålindustrin.

Klassisk cement består av kalksten, sand och lera som hettas upp och blandas i höga temperaturer.

Ungefär hälften av koldioxidutsläppen kommer från själva kalkstenen när den upphettas. Den andra hälften från anläggningarna, som oftast drivs med kol.

Den nya metoden blandar cementen på elektrokemiskt vis. Genom att lösa upp mald kalksten i syra, får man ren koldioxid vid den ena elektroden. Och vid den andra elektroden skapas en produkt som kallas *släckt kalk*, som kan göras om till cement.

Till år 2045 ska all cement- och betongtillverkning i Sverige bli klimatneutral, enligt branschorganisationen Svensk Betong.

3. **Preem**
Oljeraffineringsföretag som ökade sina utsläpp under 2018. Har dessutom planer på att bygga ut sitt raffinaderi i Lysekil. De första planerna var att förädla fossila produkter till användning som drivmedel.

Efter en kraftig kritikstorm bytte Preem spår och

siktar nu på att förädla exempelvis skogsråvaror till olika drivmedel.

Med restprodukter från till exempel den svenska skogen och svenskt lantbruk har man en unik möjlighet att på sikt bli självförsörjande på drivmedel. Det här är inte bara bra för miljön, det gynnar också svensk skogsindustri och skapar gröna arbetstillfällen i glesbygden.

4. **LKAB**
   Utvinner järnmalm och minskade sina utsläpp under 2018. Verksamma i Kiruna, Malmberget och Svappavara. Se ovan! LBAB deltar i projektet HYBRIT.

5. **Borealis**
   Kemikalieproduktion för plast, där en del av råvaran utgörs av kontroversiell frackinggas från USA. Verksamma i Stenungsund.

Chalmers Tekniska Högskola, Borealis och Preem samverkar inom projektet Futnerc, med syfte att reducera CO_2 utsläpp från sina verksamheter.

Projektet vill nu sätta fokus på en viktig resurs som

idag ofta går upp i rök – de kolatomer som finns i vårt avfall, vilket i vår del av världen förbränns, eller som i andra delar av världen hamnar på soptippar. Målet är att ta fram tekniker som gör att allt kol som finns i plastskräp, matavfall, papper och trä kan användas som råvara för att producera plaster med samma variation och kvalité som de plaster som idag produceras från fossil råvara[78].

6. **Nordkalk m.fl.**

Kalkindustri som står för 26 procent av kalkindustrins utsläpp. Ökade sina utsläpp under 2018. Har drivit en lång process mot miljörörelsen för att få bryta kalk i den skyddade Ojnareskogen på Gotland.

I fokus finns en konflikt mellan industriell kakbrytning eller bildande av ett Natura 2000-område vid Ojnareskogen på norra Gotland[79].

7. **ST1 (tidigare Shell)**

Oljeraffinaderi i Göteborg som även arbetar med biodrivmedel. Sveriges Natur har dock avslöjat att företaget planerar att använda colombiansk palmolja. Ökade sina utsläpp under 2018.

8. **Värtaverket**
   Värme- och kraftverk i Stockholm som drivs av kol. Vi har ett kolkraftverk i Sverige. Har sagt att de ska sluta elda kol 2022, men 2018 ökade istället utsläppen.

9. **Vattenfall Uppsala**
   Värmeverk som ökade sina utsläpp under fjolåret. Koldioxiden har bland annat kommit från eldning av torv, vilket man slutade med 2018. Fortfarande eldar man importerat avfall där plast ger utsläpp.

10. **Boliden Rönnskärsverken**
    Smältverk för metaller och metallåtervinning. Minskade sina utsläpp 2018. Verksamma i Skellefteå.

Ett antal svenska börsbolag släpper ut stora mängder. Jättarna H&M, Ericsson och Electrolux släpper tillsammans ut 108 miljoner ton växthusgaser, rapporterar Dagens industri. Det är mer än Sveriges totala konsumtionsbaserade utsläpp.

Spår av global uppvärmning vi kn se redan idag
Perioder av extremhetta kan göra vissa områden omöjliga att bo i.

- Skördar blir sämre.

- Vi får vattenbrist i vissa regioner.
- Fiskebestånden försämras i tropiska områden
- Skyfall och stormar ökar risken för översvämningar[80].

Redan vid två graders global uppvärmning är de negativa konsekvenserna för jordbruket kritiska.

Korallreven är mycket känsliga och är omedelbara offer. De utgör 1 procent av havens yta men så mycket som 25 procent av arterna i haven beroende av korallreven.

När haven blir varmare flyttar fiskbestånd mot polerna. Haven vid polerna förväntas bli invaderade av många nya arter. När haven värms upp ökar de syrefriaområdena som medför att arter inte kan leva där längre.

Global glaciärsmältning

Nästan alla glaciärer över jorden minskar i storlek och minskningen. Glaciärer smälter i allt snabbare takt. Avsmältningen kommer att öka med den stigande globala medeltemperaturen. Havsnivåhöjningen riskerar att gå ännu fortare och risken ökar för kraftigt förändrade ekosystem. Lågländer runt Himalaya är i fara när de stora floderna riskerar att sina i framtiden. Glaciärer smälter undan och är några av de mer irreversibla effekter som

FNs klimatpanel lyfter fram.

Arktis isar smälter

Medeltemperaturen vid Arktis ökar mycket snabbare än för resten av planeten. Havsisarna i Arktis smälter allt snabbare. Upptiningen av permafrosten och det minskade snötäcket under snösäsongen i Arktis är tydliga tecken. Man beräknar att det kommer att vara helt isfritt kring nordpolen åtminstone någon gång före 2050.

Mätningar visar att isarna och snön smälter allt snabbbare. Under senare år har det flera gånger varit flera tiotals grader varmare än vad som är normalt för årstiden i Arktis, vilket är mycket varmare och snabbare än vad forskarna tidigare har förutspått. När Arktis havsisar smälter hotas ekosystemen där isbjörn och valar, som narvalen, kommer få svårare att överleva.

Exploatering av Arktis

Livet för de 40 urfolk som lever i olika delar av Arktis förändras drastiskt. Havsisen har legat som ett skyddande lock i Arktis. När nu havsisen försvinner sommartid öppnas havet upp och fartyg kan ta sig fram där det tidigare var omöjligt. Många nya gruvor planeras när fartyg nu kan ta sig fram till tidigare isolerade platser.

Höjda havsnivåer

Enligt IPCC kan havsnivåerna stiga med upp till en meter

de närmaste hundra åren. När vatten värms ökar volymen. Smältvatten från ismassor tillkommer. Ö-nationer i Indiska oceanen och Fijiöarna i Stilla havet drabbas redan idag av höjda havsnivåer och några av öarna kan på sikt försvinna helt.

Enligt FNs klimatpanels rapport från augusti 2021 kan havsnivån år 2300 vara allt mellan 2 och över 7 meter högre än 1990 beroende på om vi snabbt lyckas minska utsläppen eller om de fortsätter öka på dagens nivå.

Forskare på Fraunhofer Institute har räknat ut att om vi bränner alla våra fossila kol-, olje- och gasreserver så smälter vi all glaciäris och riskerar en havsnivåhöjning på 50 meter på längre sikt.

Klimatförändringarna har redan lett till att extremväder som värmeböljor, torka och skyfall har ökat betydligt i frekvens och intensitet sedan mitten av 1900-talet, med ökat antal översvämningar och skogsbränder som följd.

Enligt forskningen kommer klimatförändringarna föra med sig fler och kraftigare extrema väderförhållanden i framtiden.

Under de senaste åren har översvämningar, vinterregn och torka drabbat Sverige. Ett exempel är att majoriteten av samebyarna har begärt katastrofhjälp för att kunna utfodra renarna.

Antalet bränder ökar i världen på grund av extremväder. Bränderna i Sibirien medförde att stora mängder växthusgaser släpptes ut.

Flera studier visar att det är svårt att uppskatta framtida kostnader för direkta och indirekta effekter från klimatförändringarna.

Regnskogar en livsviktig resurs

Supermiljöbloggen skriver[81]:

> Regnskogar utgör endast 1 procent av jordens yta och är hem åt halva jordens växt- och djurarter. En stor del av jordens urfolk har också sina hem i regnskogar. Även vi som inte bor i närheten av regnskog är beroende av dem, då de förser oss med luften vi andas, färskt dricksvatten, mat och medicin. Regnskogens träd reglerar även det globala klimatet genom att binda kol och en stor mängd utsläpp, vilket är varför världens regnskogar brukar kallas jordens lungor.
>
> Trots deras viktiga roll finns det stora hot mot regnskogarna och den biologiska mångfalden. De senaste 40 åren har en miljard hektar regn-

skog skövlats, vilket motsvarar storleken av hela Europa. Den främsta orsaken till skogsskövling är jordbruk, som står för cirka 80 procent av all skog som huggs ner. Under Coronapandemin har det kommit alarmerande rapporter från Amazonas om ökad tjuvjakt, illegal skogsskövling och skogsbränder.

Skyddandet av världens regnskogar måste bli en central del av de globala initiativen att stoppa klimatförändringar och miljöförstörelse. Genom att värna om och restaurera regnskogarna skulle det gå att återställa effekten av de globala utsläppen med en tredjedel.

Amazonas läcker mer koldioxid än det binder

Amazonas regnskogar har börjat läcka koldioxid. Det finns en risk att världens största regnskog har nått en *tipping point* där den inte längre förmår att lagra koldioxid som förut. På sikt kan Amazonas förvandlas till en torr savann[82].

Amazonas är ett av världens viktigaste klimatsystem och mår inte bra. Mellan 2010 och 2019 läckte Amazonas 16,6 miljarder ton koldioxid medan den lagrade bara 13,9 miljarder ton. Under det senaste decenniet läckte 20 procent mer CO_2 än vad som bundits i träd och mark. På sikt kan det leda till att regnskogen upphör att vara en regnskog.

- *Vi misstänkte att detta hade hänt men det är första gången vi har siffror på att brasilianska Amazonas har nått en tröskel och nu är en utsläppskälla av koldioxid,* säger medförfattaren Jean-Pierre Wigneron, på franska jordbruksinstututet INRA till nyhetsbyrån AFP.

Torrperioderna längre i regnskogen

Amazonas binder en fjärdedel av allt kol i världen. Den tillverkar 20 procent av allt syre i världen. Den väldiga regnskogen håller sakta på att förvandlas från djungel till savann. Torrperioderna blir allt längre i takt med att den globala uppvärmningen fortskrider. Skövlingen av regnskog bidrar också till att skapa större öppna torra ytor. Rapporten i *Nature Climate Change* är en fingervisning om att farhågorna håller på att besannas.

- *Med torkan och hettan förvandlas skogen till en kyrkogård med uttorkade sticklingar och unga träd, de som en dag skulle ha vuxit upp till höga träd, berättar den brasilianska* forskaren David Lapola för SVT.

Han är en ledande forskare inom området hur skogarnas ekosystem drabbas av klimatförändringarna.

- *Vi ser hur Amazonas förmåga att lagra koldioxid har halverats de senaste 30 åren.*

Skogen fuktigare än floden

På sikt kan Amazonas drabbas av regnskogsdöd och bli till savann. Enligt en uppmärksammad studie från 2018 nås brytpunkten när 25 procent av Amazonas avverkats. Det ligger inte långt borta, just nu beräknas 15-17 procent ha avverkats. Studier visar att träden mår allt sämre och återhämtar sig saktare efter torrperioder och bränder. Andelen träd som trivs i torr skog bli större och de ersätter träd som kräver fuktiga miljöer för att trivas.

Amazonas sinnrika system med cirkulation av fukt och regn gör att skogen producerar över hälften av sin egen nederbörd. Mängden vatten skulle kunna fylla åtta miljoner olympiska simbassänger varje dag. Det här är en relativt ny upptäckt som döpts till *floden i himlen*. Fuktmängderna över Amazonas innehåller mer vatten är Amazonasfloden och är skälet till att det kallas regnskog.

Uttorkningen av Amazonas kommer att få konsekvenser för nederbördsmönster så långt bort som i Afrika och Nordamerika. När *floden i himlen* är borta kommer jordbruk och städer drabbas av stora problem eftersom tillgången på färskvatten drastiskt reducerats.

Läcker växthusgaser

Varje år suger jordens skogar, hav och landområden upp 4,5 miljarder ton kol som annars skulle hamna i atmosfären. Flera system är nu så stressade att de istället kommer börja läcka växthusgaser. Då inträffar en tipping points, eller tröskeleffekter, där klimatsystemen kan börja skena.

12. Klimatförändringar orsakade av naturen

Klimatet som råder på jorden idag bestäms av ett antal faktorer som påverkar klimatet olika i tid och rum[83].

Strålning från solen, cirkulation i atmosfären och havet samt topografi på land och i hav är de grundläggande faktorerna.

Energin kommer från solen och i haven fördelas energin över jorden beroende på topografins utseende. Dessutom påverkar mänsklig aktivitet klimatet.

Alla kroppar (fasta, flytande och gasformiga) som har en temperatur över den absoluta nollpunkten skickar ut strålning. Ju högre temperaturen är desto mer kortvågig strålning skickas ut. Strålningen från solen är kortvågig, det vill säga mindre än 4 mikrometer.

En del av energin från solen absorberas av jordytan, moln och atmosfären. Därmed sker en uppvärmning. Vid de temperaturer som normalt råder på jorden kommer merparten av strålningen att vara av våglängder mellan 4 till 100 mikrometer vilket betraktas som långvågig strålning.

De mest betydande växthusgaserna är vattenånga,

koldioxid, metan och dikväveoxid. Men även ozon och halogenerade kolväten förekommer. En stor del av den mänskliga påverkan på klimatet sker genom utsläpp av växthusgaser.

Den stora påverkan på växthusgaserna är en följd av mänskliga aktiviteter. Men det finns ett par faktorer vi inte kan påverka: Vulkanutbrott och jordbävningar.

Vulkanutbrott

En vulkan är en öppning i jordskorpan, där het magma tränger upp från jordens inre och stelnar till lava då den når en kallare temperatur, så som luft eller vatten. Magman kan tränga upp från manteln genom berggrunden eftersom den har en större volym och lägre densitet än det fasta berget. Innan den når ytan samlas magman i stora magmakammare där den förblir tills sprickor och hålrum i berget gör att den kan fortsätta att stiga uppåt. När magman når markytan eller havsbotten har vi ett vulkanutbrott och magman övergår till att kallas lava[84].

Jordbävning

En jordbävning, innebär att marken skakar och rör sig på grund av plötsligt utlösta rörelser i jordskorpan eller övre delen av manteln, den så kallade litosfären. Skakningarna kan orsaka svåra skador på byggnader, och om jordbävningen inträffar under havet kan en flodvåg, tsunami, utlösas och färdas långa sträckor och orsaka stor förödelse när den når land. En jordbävning kan hålla på från några få sekunder till 10 minuter[85].

13. Fotosyntesen och växthuseffekten

Fotosyntesen och växthuseffekten är på var sitt sätt viktiga för vårt liv här på jorden.

Genom fotosyntesen får vi mat och annat biomaterial och genom växthuseffekten får vi en dräglig temperatur att leva i.

Vi ska vara tacksamma för växthuseffekten. Den möjliggör ett liv på jorden. Men det blir problem när växthusgaserna ökar värmestrålningens reflektion mot jorden, men motsatsen gäller också – om halten växthusgaser minskar så sjunker även temperaturen.

Jordens medeltemperatur:

- Med växthuseffekt uppgår uppvärmning av jordytan till +14°.
- Utan växthuseffekten skulle uppvärmningen uppgå till -19°

Fotosyntesen gör det möjligt att använda solenergin på ett hanterbart sätt. Solen kan genom fotosyntesen omvandla sin energi till exempelvis bensin, mat, värme med mera.

Lite historia

Jordens atmosfär innehöll inget syre när vår planet bildades i ett moln av gas och stoft runt den unga solen för cirka 4,6 miljarder år sedan[86].

Med hjälp av mikroskopiska blågröna bakterier i havet började syre produceras. Därmed utvecklades till jordens syrerika atmosfär, som utgör hela grunden för att människor och djur kan andas på jordklotet.

Produktionen av syre sker genom fotosyntes.

Fotosyntes är en biokemisk process som gör att växter, alger och vissa bakterier kan ta upp de oorganiska ämnena koldioxid (CO_2) och vatten (H_20) samt bilda kolhydraten glukos, som hjälper växten att växa.

Fotosyntes är den viktigaste biokemiska processen på jorden.

En människa använder omkring 300 kilo syre om året, och forskarna har beräknat att träd i tempererade skogar i genomsnitt producerar 10 kilo syre om året. Var och en av oss behöver 30 träd för att kunna andas eller överleva.

Trädets fotosyntes omvandlar koldioxid till syre plus biomaterial. Detta biomaterial äter vi varefter vi förbränner och koldioxiden hamnar i atmosfären och förbrukas i en ny fotosyntes.

Allt vi äter kommer från förnyelsebara ämnen. Vi äter vegetabilisk mat eller animalisk, där biomaterialet tagit omvägen via ett djur.

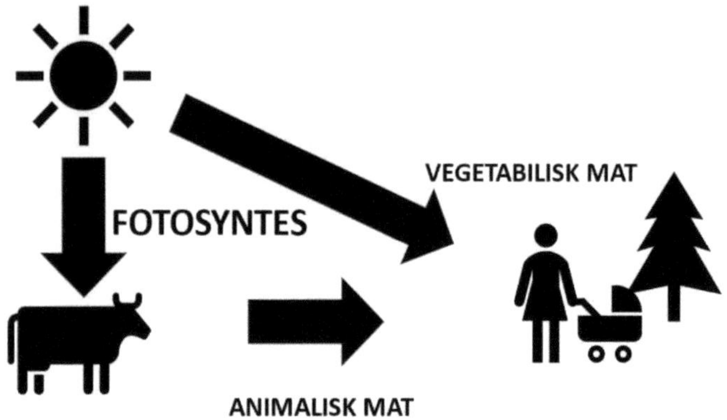

Kan du tänka dej en värld utan bil, lite mat och ständigt frusen. Vi bör fundera på ett liv utan olja i det sårbara fossilsamhälle som vi byggt upp.

Nu upplever vi ett *chicken race* där vi gasar för full mot en förutsägbar undergång.

Vi vet att ökande utsläppet av växthusgaser ofelbart leder mot en ohållbar situation med smältande polarisar, stigande havsnivåer, extrema vädersituationer med mera.

Våra forskare kan beskriva vad som kommer att hända, men på ett område har de fel. De klimatpåverkande effekterna går mycket, mycket fortare än de har förutsett.

Fotosyntes:
energi + koldioxid + vatten ->> kolhydrater + syre

Förbränning:
kolhydrater + syre ->> koldioxid + vatten + energi

Växterna kan binda upp till en tredjedel av de mänskliga utsläppen av koldioxid.

När vi slutat använda fossil energi så kommer andelen frigjord fossil koldioxid att minska – eller i bästa fall upphöra.

Mål för den svenska klimat- och energipolitiken är att minst 50 procent av den svenska energin ska grundas på förnybara källor för att reducera utsläppen av växthusgaser i Sverige med 40 procent jämfört med år 1990.

SMHI har på uppdrag av Regeringen redovisat *Risker, konsekvenser och sårbarhet för samhället av förändrat klimat – en kunskapsöversikt*[87].

Vad händer när klimatförändringarna påverkar hela samhället?

- Översvämningsriskerna kring sjöar och längs vattendrag ökar, vilket kan påverka bebyggelse och infrastruktur.
- Vattentillgång och -kvalitet kommer att påverkas av

förändrade nederbördsmönster, ökad spridning av föroreningar samt ökade mikrobiologiska risker.

- Energisystemet kommer att utsättas för större påfrestningar, särskilt av extrema väderhändelser.
- Kunskap och medvetenhet om klimatförändringarnas påverkan på kommunikationerna i samhället har ökat.
- Förutsättningarna för jordbruket förbättras i huvudsak med möjlighet till ökade skördar och nya grödor. Samtidigt kommer fler skadegörare och ogräs att dyka upp.
- Eventuellt minskat utbud av livsmedel på världsmarknaden viket kan innebära ökad efterfrågan på svenska livsmedel. Samtidigt går Sverige idag mot ökat importberoende.
- Även djurhållningen står inför stora utmaningar. Å ena sidan kan djuren gå ute under en längre del av året och möjligheterna att vara självförsörjande med foder ökar. Men det varmare klimatet medför också risk för att nya djursjukdomar uppträder.
- Konsekvenserna för den svenska skogen och skogsbruket kommer att bli betydande. Ökad tillväxt ger större virkesproduktion, men blötare skogsmark kan föra med sig stora kostnader.
- Förändrade förutsättningar är också att vänta för fiskbestånden. Nya fiskarter i svenska vatten kan

föra med sig nya smittor och konkurrera ut befintliga arter i känsliga ekosystem.

- Renskötseln i Sverige kommer att allvarligt påverkas av klimatförändringarna och effekterna utgör stora utmaningar.
- Klimatförändringarna ger både positiva och negativa effekter för turismen.
- Människors och djurs hälsa kan påverkas direkt av extrema väderhändelser. Ett varmare klimat ger även upphov till förändrade smittspridningsmönster och nya sjukdomar kan nå Sverige.
- På nationell nivå är kunskaperna om risker för bebyggelse tillräckliga för att rekommendera åtgärder, men det saknas lokala beslutsunderlag. För kulturarvet behöver kunskapen öka.
- Klimatförändringarna förväntas leda till förändringar för den biologiska mångfalden och ekosystemen.
- Risk- och säkerhetsperspektivet har växt fram under senare år, men präglas av utmaningar avseende metoder. Mycket få studier behandlar förhållanden i Sverige.
- Den rekordstarka El Niño påverkade klimatet, men stod endast för en bråkdel av uppvärmningen.

Växthuseffekten

Om Du någon gång har kommit till en bil, som stått i solen

så har du funnit en mycket varm bil. Då har Du fått ett exempel på växthuseffekten.

Solen skiner och värmer upp kupén. Värmestrålningen har en annan våglängd och kan därför inte passera ut genom bilfönstren.

Definition:
Växthuseffekten kallas det som innebär att koldioxid och andra växthusgaser i atmosfären håller kvar en del av solvärmen och gör att jorden håller en temperatur som vi kan leva i[88].

Vi ska vara tacksamma för växthuseffekten. Utan den hade det varit omöjligt att bo på jorden.

Om atmosfären helt saknade växthusgaser beräknas att jordens medeltemperatur skulle ha varit -18°C istället för nuvarande +14°C.

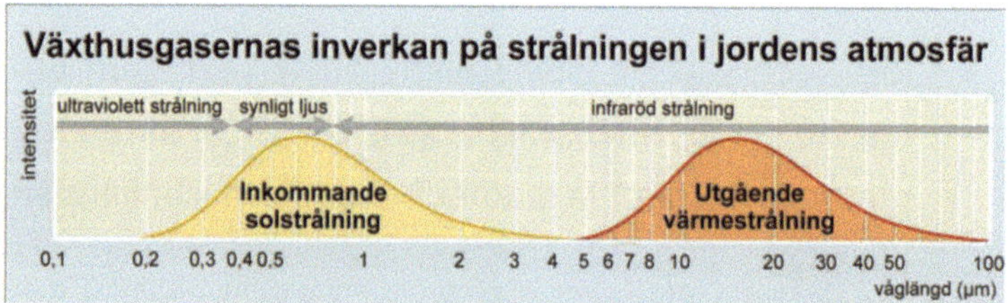

Källa:Wikipedia

Av ovanstående figur framgår att den inkommande solstrålningen finns inom området för synligt ljus. Värmestrålningen har en annan våglängd, som delvis bromsas av atmosfären och värmen *studsar* tillbaka mot jorden.

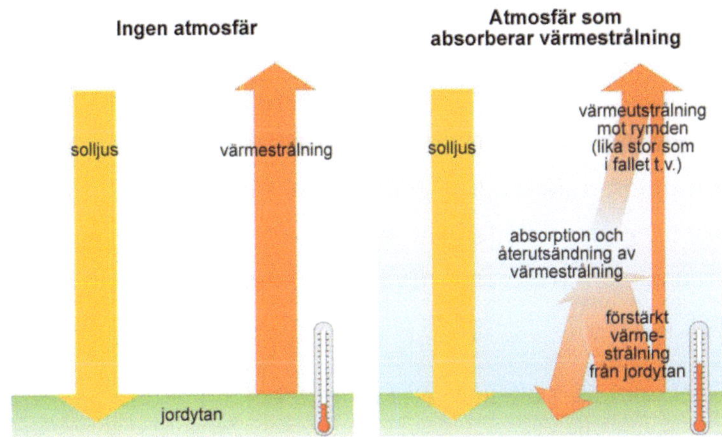

Källa: Wikipedia

Mängden växthusgaser i atmosfären påverkar hur mycket som reflekteras. När vi släpper ut mer växthusgaser så ökar reflektionen mot jorden.

För ett 30-tal år sedan hade vi en diskussion om den så kallade ozonhålen.

Ett ozonhål är ett underskott av gasen ozon i jordens atmosfär. *Hålet* är en förtunning av ozonskiktet. Mängden ozon reduceras kraftigt till följd av den höga halten klor som i sin tur orsakas av utsläpp av freoner (CFC). Följden blir att det mesta av den farliga ultravioletta strålning (270–315 nm) som ozonskiktet brukar stoppa i atmosfären når ned i biosfären, där den förhöjda halten kan orsaka bland annat hudcancer, reduktion av planktonpopulationen i haven och skador på växter..

1994 utsåg FN:s generalförsamling den 16 september till *Världsozonhälsodagen* för att högtidlighålla undertecknandet av Montrealprotokollet 1987[89]. Detta är ett internationellt traktat som är utformat för att skydda ozonskiktet genom att fasa ut produktionen av ett antal substanser som tros vara ansvariga för uppkomsten av ozonhål.

Solskenet i det ultravioletta området ökade eftersom ozonet hade skadat atmosfären och den ultravioletta strålningen ökade på jorden.

Växthusgaser utgör grunden till växthuseffekten genom att absorbera och utstråla infraröd strålning.

Gaserna släpper igenom solljus med högre frekvens än infrarött, som värmer upp mark, träd och vatten.

Att växthuseffekten ökat anser man beror på de höga utsläppen av koldioxid. Även halten av metan, lustgas, marknära ozon samt freoner anses bidra till växthuseffekten. Nu ökar växthuseffekten, vilket inte är bra, och det kan man i korthet förklara så här[90]:

- Före industrialiseringen fanns det *lagom* mycket

koldioxid i atmosfären som motsvarade ett bra klimat på jorden.

- När vi gräver upp och eldar kol och olja ökar mängden koldioxid i atmosfären.
- En del av värmen som träffar jorden från solen åker tillbaka ut i rymden.
- Med mer koldioxid i atmosfären hålls mer av den värmen kvar i atmosfären, vilket gör att jorden värms upp mer och mer.
- Koldioxid från fossil källa utgör ett nettotillskott av koldioxid till atmosfären och räknas alltså till de gaser som ger klimatpåverkan[91].
- Den koldioxid som växterna avger när de förmultnar har nyligen tagits upp av växten och innebär inget nettotillskott.
- Den koldioxid som vi människor och djur andas ut kommer snabbt att tas upp i fotosyntesen.
- Den metan som bildas i kons mage är ett nettotillskott av metan till atmosfären och räknas således med.

Koldioxiden som bildas när metanet bryts ned är dock biogent eftersom det har sitt ursprung i växterna och räknas således inte med.

14. Blir jorden obeboelig?

Kan delar av jorden bli omöjlig att bo på? Detta kan hända för 3 miljarder år 2070 enligt en studie som forskare från Kina, USA och Europa har tagit fram. För dem blir jorden närmast obeboelig[92].

Att snabbt få ner nivåerna av växthusgaser kan vara ett sätt att halvera andelen människor som utsätts för detta extrema klimat.

Vi är vana vid en årsmedeltemperatur mellan 11 °C och 15°C. Så har det varit i flera tusen år enligt forskarna. Från dagens 1,1°C temperaturökning från förindustriella nivåer kan vi om 20 år kommer att hamna över 1,5°C.

Om temperaturen fortsätter att öka kommer 19 procent av planetens yta tillhöra sådana regioner år 2070 om det värsta prognosticerade scenariot som FN:s klimatpanel IPCC tagit fram skulle slå in.

- USA:s sydstater kan blivit mycket varmare 2070, särskilt de som ligger nära Mexiko.
- I Centralamerika skulle 20 miljoner människor leva i en årlig medeltemperatur på 29 grader.
- Stora delar av Kanada och Alaska under polcirkeln skulle uppleva mycket varmare temperaturer än idag. Stora delar av den regionen är nu obebodd.

- Stora delar av Amazonas regnskog skulle bli klart obeboelig på grund av extrema temperaturer 2070.
- Det gäller också stora delar av Peru, Colombia och Venezuela. Omkring 59 miljoner personer skulle påverkas.
- Europa skulle inte drabbas så hårt av medeltemperaturer på 29 grader.
- Stora delar av Skandinavien, östra Ryssland och medelhavsländerna kan vänta sig genomsnittliga temperaturökningar på upp till fem grader år 2070, i det värsta scenariot.
- Afrikas befolkning kommer enligt beräkningarna att genomgå en befolkningsexplosion. Antalet människor fördubblas från 1,2 miljarder till 2,4 miljarder människor.
- Nigeria blir världens tredje folkrikaste land. 81 procent av befolkningen skulle lida av de extrema temperaturerna, vilket kan skapa gigantiska flyktingströmmar.
- Asiens befolkning kommer att växa med mer än fem miljarder människor till 2070.
- En lång rad asiatiska länder kommer samtidigt att uppleva medeltemperatur på 29 grader.
- Indien, med en befolkning på 1,6 miljarder, kommer att drabbas värst av extrem hetta.

- Nästan hela Kambodja och Förenade Arabemiraten blir obeboeliga, liksom de södra delarna av Vietnam och östra Pakistan.
- Oceaniens extrema hetta kommer att begränsas till Papua Nya Guinea och norra Australien, där det inte bor så många i dagsläget.

5 platser känner redan klimatförändringens effekter

Här är fem platser som redan påverkas av klimatförändringar och global uppvärmning[93].

De flesta klimatprognoser ser fram emot de potentiella riskerna 50 eller 100 år från och med nu finns det platser runt om i världen som redan påverkas av den globala uppvärmningen.

Här är fem platser där klimatförändringen redan slår nära hemmet:

- **Stora Barriärrevet**
  Satellitmätningar har visat att vattnet i Australiens stora barriärrev har värmts med 0,2°C grader i genomsnitt under de senaste 25 åren.

- **Newtok, Alaska**
  Newtok, och många andra byar i Alaska, byggs uppe på permanent fryst jord, kallad permafrost.

När havstemperaturen ökar, smälter Alaskas permafrost.

- **Mumbai, Indien**
  Den indiska metropolen i Mumbai är en av de platser som riskerar farliga och kostsamma översvämningar på grund av klimatförändringen, enligt en rapport som utgavs av Världsbanken tidigare i år.

- **Alperna**
  Alperna, en av de mest kända bergskedjorna i Europa, har länge varit känd för sina skidorter och som ett populärt året runt för utomhusentusiaster. Men klimatologerna varnar för att global uppvärmning kan skapa problem för den alpina regionen.

- **Gansu-provinsen, Kina**
  Jordbrukare över Kinas Gansu-provins, ett av landets torkaste regioner, kämpar redan för att klara klimatpåverkan, eftersom torka och torrt land bidrar till regionens stora fattigdom.

15. Den globala uppvärmningens konsekvenser

Tvågradersmålet har utpekats som viktig gräns för vad jordens klimat tål. Men vad innebär denna magiska gräns?

En sammanställt vad forskningen redovisar för konsekvenserna av de pågående klimatförändringarna och den globala uppvärmningen[94].

Effekter av olika grader av uppvärmning enligt WWF[95]-

Scenario	+ 1,1°C	+ 1,5°C
	Där är vi	Svårt att undvika. Kritiska tröskeln bör ej överskridas
Havsnivåer och isar	Rekordvärme. Arktis smälter fortare än väntat.	46 miljoner riskerar att få sina hem bortspolade.
Mat och vatten	År 2100 kan 8procent av dagens jordbruksmark vara obrukbara.	2 miljoner utsättas för vattenbrist i Norra Europa.
Skog	Fler skogsbränder i t.ex. Australien och Kalifornien.	Kalfjällsområdena minskar i Sverige.
Hetta	2021 var 7:e varmaste år som forskarna sett. Sedan 1980 har temperatur ökar för varje årtionden.	Extrema värmeböljor ökar med 129 procent
Extremväder	Fler stormar och orkaner.	Ökad orkanstyrka.
Biologisk mångfald	Nära 50 procent av jordens arter har redan förlorat sina	Nästa alla korallrev dör.

	livsmiljöer på grund av klimat-föändringar.	
Riktigt hotfulla scenarion.	Koldioxid i atmosfären är idag 412 ppm trots ekonomisk nedgång under coronapandemin. Senast vi hade så höga nivåer var för 3 miljoner år sedan. Då var medeltemperaturen 2-3 grader varmare än den preindustriella nivån och havsnivån 15-25 meter högre.	

Scenario	**+ 2°C**	**+ 3°C**	**+ 4°C**
	Parisavtalets gräns – bör inte överskridas	Om vi inte gör mera. Oåterkallig förändring.	Utan klimatåtgärder. Mardröm
Havsnivåer och isar	Arktis kan smälta helt på sommaren.	Många öar helt obeboliga 2060. Arktis och Grönlands istäcke kn på sikt smälta helt.	Havsnivån höjs succesivt. Kuststäder och öar försvinner.
Mat och vatten	Nära 3,6 miljarder människor i Afrika, Sydasien, och små önationer drabba av undernäring.	Global matproduktion i gungning.	Världsbanken: *Det är inte säkert att det går att anpassa oss till ett liv i ett 4-gradersvärld.*
Skog	+ 60 procent skogsbränder runt Medelhaven.	Amazonas riskerar att försvinna.	Öar översvärmas.

Hetta	Extrema värmeböljar ökar med 343 procent.	Extrema värmeböljar ökar i Afrika med 500 procent.	Sydeuropa förvandlas till öken.
Extremväder	57 procent ökning av antalet som påverkas av översvärmningar i Indien.	3 ggr kraftigare översvärmningar i Europa.	75 procent av jordens befolkning utsätts för dödlig hetta 20 dagar om året.
Biologisk mångfald	Korallreven dör-	Marina ekosystem kollapsar.	Varannan djur- och växtart är hotad.
Riktigt hotfulla scenarion.		Enorma mängder koldioxid och metangas frigörs när permafrosten smälter i Sibirien och Arktis.	Metanen på havens botten frigörs och orsakar en accelaration av den globala uppvärmning , vilket kan leda till massutdöende.

I en värld med 1,5 -graders högre medeltemperatur än i dag beräknas havsytan stiga med 40 centimeter till år 2100. Vi två graders uppvärmning stiger samma siffra till 46 centimeter.

Det kan låta som en ganska liten förändring, men en sådan höjning skulle göra att omkring en tiondel av Bangladesh skulle hamna under vatten.

Det finns också studier som talar om en betydligt kraftigare havsytehöjning, upp till två meter på hundra år. Hur mycket det faktiskt blir beror till exempel på så kallade tröskeleffekter, ifall kritiska värden kommer att överstigas som gör att jorden kan bli självuppvärmande.

Tid för förändring

Med de åtgärdsplaner som världens länder presenterade vid Parismötet hamnar vi på minst tre graders temperaturökning till år 2100.

Planerna ska dock anpassas och förhoppningsvis skärpas vart femte år.

Utmaningarna är minst sagt många, och svårigheterna stora. För att kunna begränsa uppvärmningen till 1,5 grader måste utsläppen globalt minst halveras till 2030 och nå nära noll absolut senast 2050. Det finns med andra ord ingen tid att förlora. Varje tiondels grad som vi lyckas undvika genom minskade utsläpp kan vara avgörande för hur människor och växt- och djurlivet drabbas. Det minsta politikerna göra är att hålla vad de lovat i Parisavtalet.

Uppvärmningens följder redan här

I utkastet till FN:s klimatrapport skrivs en mörk historia om en planet där människorna är i fara. Svält, torka och sjukdomar är följder av den globala uppvärmningen som redan är en verklighet, omöjlig att stoppa[96].

Rapporten visar att klimatförändringarnas påverkan på oss människor blir stor, sker snart och att många förändringar till följd av den globala uppvärmningen redan har skett och går inte att reparera.

Svält och sjukdom

Skördarna har redan minskat med upp till tio procent. År 2050 kan 80 miljoner människor riskera svält och hundratals miljoner riskerar undernäring.

Mellan 2015 och 2019 behövde i framförallt länder i Afrika och Centralamerika 166 miljoner människor humanitär hjälp till följd av klimatrelaterad plötslig brist på mat.

Nära tio miljoner fler barn bli undernärda och hindrade i sin utveckling år 2050 på grund av en livslång exponering av hälsorisker orsakade av klimatförändringarna.

5 viktiga fakta ur FN:s rapport

1. De fattigaste och mest sårbara länderna kommer att drabbas värst, men även industriländer kommer att möta ökande hot från extrem hetta, vattenbrist och höjda havsnivåer.
2. Beslut om att motverka växthuseffekten och att arbeta för en hållbar utveckling kan ha en viss inverkan, men mycket av den skadliga inverkan på hälsa, utveckling och natur är oundviklig.

3. Extrema väderhändelser orsakade av den globala uppvärmningen ökar bristen på land, färskvatten och minskar antalet djurarter i havet. Utrotningstakten är mer än 1 000 gånger högre än för 70 år sedan.
4. Kuststäder får bära bördan av höjda temperaturer och höjda havsnivåer. 2050 kommer hundratals miljoner människor att drabbas av vattenbrist.
5. Varje procent räknas. Hotnivån på arter, ekosystem och mänsklig hälsa är mycket lägre på en uppvärmningsnivå på 1,5 grad än på 2 grader.

16. Att mäta vår påverkan på miljö

Det finns två sätt att mäta vilken påverkan på miljön som är en följd av vårt levnadssätt.

- Den ekologiska skuldens dag
- Ekologiskt fotavtryck

Den ekologiska skuldens dag

Den ekologiska skuldens dag är det beräknade illustrativa kalenderdatumet när mänsklighetens resursförbrukning för året överstiger Jordens förmåga att regenerera dessa resurser det året[97].

Qatar	10 febr.
Luxenbourg	14 febr.
Kanada,	13 mars
Förenade Arab-emiraten	13 mars
USA	13 mars
Australien	23 mars
Belgien	26 mars
Danmark	28 mars
Finland	31 mars
Sydkorea	2 april
Sverige	**3 april**
Österrike	6 april
Tjeckien	12 april
Nederländerna	12 april
Norge	12 april

Slovenien	18 april
Nya Zeeland	19 april
Ryssland	19 april
Irland	21 april
Saudiarabien	27 april
Tyskland	4 maj
Israel	4 maj
Japan	6 maj
Portugal	7 maj
Frankrike	11 maj
Spanien	12 maj
Schweiz	13 maj
Bahamas	15 maj
Italien	15 maj
Chile	15 maj

Ekologiskt fotavtryck

Det ekologiska fotavtrycket är ett mått på mängden resurser som en människa förbrukar. Det är uttryck för den area som behövs för att försörja en människa eller ett land. Uttrycket beskriver hur stor ekologisk yta som krävs för att producera och assimilera - ta hand om - avfallet[98].

Ekologiskt fotavtryck mäts i arealenheter, det vill säga den areal som är nödvändig för att naturen ska kunna förnya de resurser som används. Indikatorn har en nära relation med begreppet hållbar utveckling och är utvecklat för att kunna mäta flera av begreppets aspekter[99].

Det fossilberoende samhället och vår användning av begränsade resurser börjar ta slut. Trycket ökar på våra för nybara resurser. Världens skogar blir allt mer eftertraktade för att tillfredsställa den växande befolkningens behov av papper, byggnadsmaterial, biomaterial, kemikalier, energi och mat. När allt fler länder blir rikare och konsumtionen ökar, vidgas sökandet efter resurser. Parallellt kämpar människor i många länder med fattigdom och svält och behöver skogen och åkrarna för sin dagliga överlevnad.

Om man fördelar jordens biologiska produktiva yta per person så får alla 1,8 globala hektar. Detta benämns det tillgängliga ekologiska fotavtrycket. Det är den yta som finns för att ge oss allt vi behöver i form av mat, vatten, bränsle, kläder, energi mm. Varje svensk har ett ekologiskt fotavtryck på ca 6,1 globala hektar. Då kan man beräkna vilka behov av jordyta, som ett lands levnadssätt behöver.

Det ekologiska fotavtrycket delas in i sex kategorier.

- åkermark – människans konsumtion av mat, fibrer och trä.
- betesmark – människans konsumtion av mat, fibrer och trä
- skogsmark – människans konsumtion av mat, fibrer och trä
- havsyta – fiskezon, människans konsumtion av mat och fibrer
- bebyggd mark – exploaterade områden
- energiyta – består huvudsakligen av den area som behövs för att absorbera koldioxidutsläppen från fossila bränslen, men även anspråk för t.ex. kärnkraft

Några länders ekologiska fotavtryck 2006 uttryckt som jordklot:

- Sverige 3,4 jordklot
- USA 5,3 jordklot
- Bangladesh 0,3 jordklot

Ekologiska fotavtryck

	Världsmed-borgarens ekologiska fotavtryck 2,2 globala hektar	Svenskens ekologiska fotavtryck 6,1 globala hektar	Svenskens ekologiska fotavtryck uttryckt i antalet jord-klot
Åkermark	0,49 ha	0,87 ha	0,5
Betesmark	0,14 ha	0,42 ha	0,2
Skogsmark	0,23 ha	1,71 ha	1,0
Havsyta	0,15 ha	0,22 ha	0,1
Energiyta	1,14 ha	2,69 ha	1,5
Bebyggd mark	0,08 ha	0,17 ha	0,1
TOTALT	2,23 ha	6,10 ha	3,4

Notera att världsmedborgarens tillgängliga fotavtryck är 1,8 globala hektar. Kalkylen ovan pekar på att världsmedborgaren *förbrukar* 2,2 globala hektar.

Exempel på länders ekologiska skuldens dag och när dagen för det Ekologiskt fotavtryck inträffar.

Ur nedanstående tabell kan man också utläsa att vi skulle behöva fyra jordklot och hela världens medborgare skulle leva på samma sätt som oss svenskar. Våra behov av resurser är förbrukade ungefär vid kvartalsskiftet (3 april).

	Fotav-tryck (ha)
Qatar	14,7
USA	8,0
Australien	7.3
Danmark	6,9
Finland	5,8
SVERIGE	**6,1**
Österrike	6,0
Norge	5,8
Ryssland	5,5
Tyskland	4,7
Israel	5,5
Frankrike	4,6
Japan	4,7
Schweiz	4,5
Italien	4,4
Storbritannien	4,2
Kina	3,7
JORDEN	2.8
Mexico	2.6
Benin	1,4

Om vi istället vill se när den ekologiska skuldens dag inträffar för hela jordklotet, så ser vi hur denna dag inträffar tidigare för varje år[100].

År	Ekologiska skuldens dag
1987	23 oktober
1990	11 oktober
2000	23 september
2005	26 augusti
2010	8 augusti
2015	6 augusti
2020	22 augusti
2021	29 juli
2022	28 juli

17. Minska ditt fotavtryck

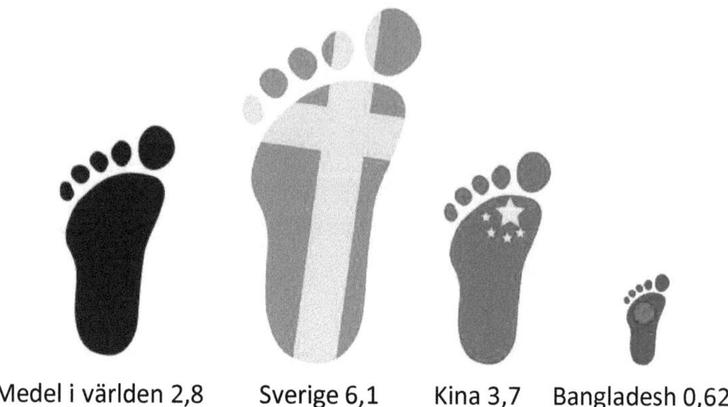

Hur ska vi kunna minska våra fotavtryck? Här är några exempel:

- Ät mer vegetarisk mat: Varför inte ha en vegetarisk dag per vecka? Köp helst säsongsvaror och ekologiskt/rättvisemärkt. Prova att odla själv.
- Välj naturbeteskött: Fråga i affären och när du äter ute efter kött från djur som har betat på svenska naturbetesmarker.
- Ställ frågor i butiken: Kräv ansvarsfullt producerad soja certifierad enligt RTRS (Round Table on Responsible Soy).
- Var miljösmart: Släng inte mat och tänk mer resursklokt. Välj miljömärkt: RSPO, MSC, ASC, KRAV liksom andra miljö- och rättvisemärkta samt certifierade produkter.
- Ställ frågor i butiken: Kräv ansvarsfullt producerad

palmolja certifierad enligt RSPO.

Jämförelse mellan konsumtionssamhälle och ekologiskt hållbart samhälle.

Vad ett konsumtionssam-hälle gör	**Vad ett ekologiskt hållbart samhälle gör**
Energi och andra resurser används som om de vore obegränsade utan oro för avfall och återvinning.	Använder energi och andra resurser effektivt. Använder alltid förnybara resurser där det är möjligt och försöker minimera avfall.
Tillverkar/köper varor billigt med kort livslängd.	Försöker tillverka/ köpa varor med lång livslängd som kan bevaras och repareras.
Producerar varor i väldiga mängder med stor hänsyn till kostnaderna, men inte effekter på människor och miljön.	Överväger och balanserar noggrant alla kostnader. Människor, miljö och kostnader är inbakade i priset.
Koncentrerar sig på kortsiktiga kostnadsfördelar och mål.	Försöker visa omsorg om framtiden genom att finna långsiktiga fördelar och mål beträffande kostnader, människor och miljö.
Undviker att ta ansvar. Litar på att någon annan t.ex. regeringen utvecklar tekniker för att ta hand om miljöförstöringen.	Ett samhälle som tar ansvar genom att spara på energi och andra resurser. Genomför en omfattande källsortering.

WWF anser att flera kriterier måste gälla om en palmoljeproduktion ska anses vara hållbar:

- De mest skyddsvärda skogarna måste bevaras
- Miljövänliga odlingsmetoder måste användas för gödning, bevattning, markbearbetning och bekämpning med säker arbetsmiljö och rättvisa arbetsvillkor
- Lokalbefolkningens och minoritetsgruppernas rättigheter måste respekteras
- Det måste finnas effektiva regelverk med tydliga lagar samt resurser för att kontrollera att de efterföljs.

18. Många gör anspråk på åkerjorden

Det kommer att bli konkurrens om åkerjorden. Intressenter är

- Bomullsodling och ökande behov av textilier.
- Spannmål till en växande befolkning.
- Arealer för bostäder och vägar.
- Åkermark för odling av energigrödor.

Vid konventionell bomullsodling (alltså icke-ekologisk) så används massor av bekämpningsmedel och konstgödsel till exempel, vilket förstås påverkar naturen omkring odlingarna genom att gifter läcker ut i marken och vattendragen i närheten blir övergödda.

I dagsläget täcker bomullen ensam ungefär 40 procent av världens behov av textilfibrer[101].

Bomullsodlingen är ifrågasatt. Det fordras en minskad bomullsodling av miljöskäl samtidigt som en ökad befolkning behöver kläder.

Finns det andra fiberråvaror? Skogens roll i energiomställningen till fossilfrihet kräver mer. Om olika sektorers färdplaner ska uppfyllas krävs 80 TWh mer bioenergi än idag, och en skattning är att ca 56 TWh ska komma från skog.

Inom ramen för Fossilfritt Sverige har 22 olika branscher tagit fram färdplaner för att visa hur de kan stärka sin konkurrenskraft genom att bli fossilfria eller klimatneutrala.

- *Nu är det dags att på allvar diskutera hur skogen ska användas och vilka nyttor som ska prioriteras* enligt Tomas Lundmark, SLU.

Behovet av mat måste vägas mot behovet av bomullsfibrer.

Behovet av textila fibrer från skogsråvara måste vägas mot behovet av skogsråvara för andra ändamål.

19. Klimatförändringar det tysta hotet

Worlds Animal Protection skriver att klimatförändringar utgör ett grundläggande hot mot arter och samhällen – och även människors överlevnad[102].

Worlds Animal Protection
Worlds Animal Protection är en av världens största djurskyddsorganisationer och arbetar målinriktat för att stoppa djurplågeri i hela världen.

De har samarbete med organisationer, företag och enskilda runt hela världen och är rådgivare åt FN, EU, regeringar och myndigheter. De är insatta i djurskyddsfrågor, såväl i Sverige som globalt. Deras arbetsområden är djur i samhällen, främst hemlösa hundar och arbetsdjur, lantbruksdjur, katastrofdrabbade djur och vilda djur[103].

Vi måste snabbt minska kolutsläpp och förbereda oss för konsekvenserna av den globala uppvärmningen.

Vi får uppleva att livsmedelspriser stiger och minskad tillgång på rent dricksvatten. Hur har länder och regioner påverkats av effekterna av väderrelaterade händelser (stormar och översvämningar samt värmeböljor).

Alla arter över hela världen påverkas av klimatförändringarna och år 2100 kan cirka 50 % av världens arter försvinna på grund av klimatförändringar. Fler intensiv torka, stormar, tornados, cykloner, värmeböljor, stigande havsnivåer, smältande glaciärer och varmare hav kan direkt skada människor och djur och kan vara förödande för människors försörjning.

Klimatförändringarna medför fler översvämningar och torka. Varmare luft kan ha en högre vattenhalt.

- Stora apor i Sydostasien hotas av utrotning på grund av avverkning där nästan 75 % av skogen riskerar att gå förlorad.
- Lägre nederbörd och högre temperaturer påverkar den asiatiska elefantens livsmiljö negativt.
- Giraffens population har minskat med 40 % under de senaste 30 åren.
- Valar förlitar sig på specifika havstemperaturer för migration, mat och fortplantning. När havstemperaturen stiger stör dessa förändringar de mönster som är nödvändiga för att valen ska kunna överleva.
- Hajar har svårt att jaga och har en högre embryodödlighet på grund av havets temperatur och surhet, som ökar över hela världen.
- Stigande temperaturer i Stilla Havet tvingar hajar 30 kilometer norrut varje år, vilket stör ekosystemet som är beroende av hajar.

Alla dessa förändringar bidrar negativt till den marina miljön.

- Stigande havsnivåer hotar oceaniska fågelarter på grund av klimatförändringar. Stigande vatten sänker deras bon på kusten och högre temperaturer äventyrar korallrev.
- Under de senaste tre åren har 72 % av världens korallrev som skyddas av UNESCO upplevt värmestress.
- Fortsatt värmestress orsakar korallblekning som ofta är dödligt, där koraller svälter på grund av näringsbrist.
- Försurning kan hota plankton, vilket är nyckeln till överlevnad av större fiskar och kan göra många områden i havet ogästvänliga för korallrev som påverkar turism och livsmedelssäkerhet samt biologisk mångfald.
- Även insekterna lider av klimatförändringar. Vid den nuvarande temperaturökningen på 2° C skulle ungefär 18 % av alla insektsarter vara utrotade år 2100.
- Om planeten skulle värmas upp till 3,2° C sjunker arterna med 49 %.
- Monarkfjärilspopulationer i Kalifornien har minskat med så mycket som 95 % sedan 1980-talet, på grund av krympande livsmiljöer och ökad

användning av bekämpningsmedel – allt relaterat till klimatförändringar orsakade av människor.

Vi måste ställa oss frågor:

- Är vi medvetna om utvecklingen av detta tysta hot?
- Är vi uppmärksamma?
- Vidtar vi åtgärder?
- Klimatförändringar pekar på en alltmer oförutsägbar framtid för människor och för alla livsformer på jorden.

Märk väl: Det är försent att börja nu.

20. Extremväder

Så varmt blir Stockholm år 2050

Den globala uppvärmningen spås ge stora effekter på lång sikt. Människor dör av värmebölja och drabbas av nya sjukdomar, brist på rent dricksvatten och en global ekonomi i gungning.

Redan år 2030 kommer Sveriges befolkning att påverkas drastiskt.

Gör vi inget så kommer årsmedeltemperaturen i Stockholm vara tre grader varmare år 2050 jämfört med sent

1900-tal, visar en ny sammanställning[104].

Effekterna vi ser redan idag

WWF redovisar ett antal områden där extremväder är mycket skadliga[105].

1. **Fattiga får det svårare**
   - Ohälsa och sjukdomar hos fattiga människor sprider sig snabbare.
   - Perioder av extremhetta kan göra vissa områden omöjliga att bo i.
   - Extremväder, torka och andra klimatförändringar gör att skördar blir sämre.
   - Vattenbrist kan öka i vissa regioner.
   - Fiskebestånden försämras i tropiska områden.
   - Skyfall och stormar ökar risken för översvämningar.

2. **Sämre livsmedelssäkerhet**
   - Klimatförändringar har lett till ökade skördar i vissa regioner men minskade skördar globalt.
   - Det är väldigt tydligt för basföda som vete och majs.
   - Redan vid två graders global uppvärmning kommer extremvärme att oftare nå nivåer där de negativa konsekvenserna för jordbruket blir kritiska.
   - Klimatförändringar orsakar även massförflyttning av marina organismer och fiskbestånd,

vilket utmanar möjligheterna att upprätthålla produktivitet från fiskerinäringen.

3. **Haven blir varmare och surare**

Korallreven är mycket känsliga för kombinationen av varmare, försurade och överfiskade hav och andra mänskliga hot.

- Trots att korallreven bara utgör 1 procent av havens yta är så mycket som 25 procent av arterna i haven beroende av korallreven.
- När haven blir varmare flyttar fiskbestånd mot polerna.
- Haven vid polerna förväntas bli invaderade av många nya arter, medan hav i tropikerna förväntas uppleva en hög lokal utrotningstakt.
- Extremväder i form av värmeböljor i havet kommer att inträffa allt oftare och bli mer intensiva.
- När haven värms upp ökar de syrefriaområdena som medför att arter inte kan leva där längre.

4. **Global glaciärsmältning**

Nästan alla glaciärer över jorden minskar i storlek och minskningen sedan 1950-talet är den kraftigaste som inträffat de senaste 2000 åren.

- Glaciärer smälter i allt snabbare takt.
- Enligt den senaste forskningen sammanställd av FNs klimatpanel (The Physical Science

Basis). kommer avsmältningen att fortsätta öka med den globala medeltemperaturen.

- Havsnivåhöjningen riskerar att gå ännu fortare och risken ökar för kraftigt förändrade ekosystem och försämrade försörjningsmöjligheter för människor i glaciärernas avrinningsområden.
- Hundratals miljoner människor i lågländer runt Himalaya är i fara när de stora floderna riskerar att sina i framtiden.
- Att glaciärer smälter undan och *drar sig tillbaka* är några av de mer irreversibla effekter som FNs klimatpanel lyfter fram.

5. Arktis´ isar smälter

Medeltemperaturen vid Arktis ökar mycket snabbare än för resten av planeten och kommer att öka mer än dubbelt så mycket som det globala genomsnittet.

- Havsisarna i Arktis smälter allt snabbare.
- En ökad global uppvärmning förväntas ytterligare påskyndas av avsmältningen av land- och havsisar, upptiningen av permafrosten och det minskade snötäcket under snösäsongen i Arktis.
- Det riskerar att vara helt isfritt kring nordpolen någon gång före 2050.
- Redan 2012 hade havsisarna och snötäcket minskat med 40 procent mer än medelvärdet för de senaste årtiondena.

- Mätningar från bland annat National Snow and Ice Data Center visar att isarna och snön smälter allt snabbare.
- När isarna och snötäcket smälter blottläggs mörkare hav och land.
- Mörka ytor absorberar mer värme än ljusa och temperaturen riskerar därmed att stiga ännu mer.
- Under senare år har det flera gånger varit flera tiotals grader varmare än vad som är normalt för årstiden i Arktis, vilket är mycket varmare och snabbare än vad forskningsmodellerna tidigare har förutspått.
- När Arktis havsisar smälter hotas ekosystemen där isbjörn och valar, som narvalen, kommer få svårare att överleva.
- Livet för de 40 urfolk som lever i olika delar av Arktis förändras drastiskt..

6. Exploatering av Arktis

Havsisen försvinner sommartid. Därmed öppnas havet upp och fartyg kan ta sig fram där det tidigare var omöjligt. Detta har bland annat medfört att nyutvinning av olja och gas planeras i Arktis.

- Många nya gruvor planeras när fartyg nu kan ta sig fram till tidigare isolerade platser.
- Det medför kraftig ökad sjöfart med risk för höga bullernivåer under vattnet, oljeutsläpp

vid olyckor och att främmande arter släpps ut när ballasttankarna på fartygen töms.

7. **Höjda havsnivåer**
   - Enligt IPCC kan havsnivåerna stiga med upp till en meter de närmaste hundra åren.
   - När vatten värms ökar volymen.
   - Smältvatten från ismassor tillkommer också.
   - Ö-nationer i Indiska oceanen och Fijiöarna i Stilla havet drabbas redan idag av höjda havsnivåer och några av öarna kan på sikt försvinna helt.
   - Tidigare i jordens historia när koldioxidhalterna i atmosfären var lika höga som idag låg havsnivån många meter (6-30 m) högre än idag.
   - Havsnivåhöjningen är dock en relativt långsam och trög process och även om vi kan nå en höjning på cirka en meter till 2100 pågår processen i flera hundra år.
   - På grund av trögheten i processen kommer havsnivån att fortsätta stiga även om vi lyckas med att snabbt minska utsläppen.
   - Enligt FNs klimatpanels rapport från augusti 2021 kan havsnivån år 2300 vara allt mellan 2 och över 7 meter högre än 1990.
   - Forskare på Fraunhofer Institute har räknat ut att om vi bränner alla våra fossila kol-, olje- och gasreserver så smälter vi all glaciäris och

riskerar en havsnivåhöjning på 50 meter på längre sikt.

Funafuti i Stilla Havet är en av de ö-nationer som riskerar att försvinna helt på grund av klimatförändringarna.

8. **Extremt väder**
   Klimatförändringarna har redan lett till att extremväder som värmeböljor, torka och skyfall. Enligt FNs klimatpanels rapport från 2021 är det tydligt att många av de extremväder vi sett under senare år, till exempel värmeböljor i Arktis, kan kopplas till människans utsläpp av växthusgaser och hade varit extremt osannolika utan dessa utsläpp.

9. **Ökade kostnader för klimatförändringarna**
   Kostnader för extremväder och dess konsekvenser har ökat betydligt sedan slutet på 1900-talet. Det finns risk för väsentligt ökade och ofantligt stora samhällskostnader.

Ett extremt skyfall i Köpenhamn under 24 timmar kostade över 7 miljarder kronor för att täcka skador och förebyggande åtgärder.

Det är viktigt att de löften om klimatfinansiering till fattigare länderna som givits inom ramen för FNs klimatförhandlingar infrias.

10. **Djur påverkas och den biologiska mångfalden hotas**

När klimatet förändras påverkas också livsmiljön för många djur. Man kan redan idag se hur olika arter anpassar sina vandringsmönster eller får minskad avkomma till följd av klimatförändringarna. Ju mer klimatet påverkas, desto svårare kommer det att bli att anpassa sig till förändringarna.

- **Valrossar**

  I Alaska har antalet valrossar som går iland ökat dramatiskt när havsisen är borta.

- **Renar**

  Renar i Arktis brukar genomföra årliga förflyttningar där de vandrar över is och frusen mark. När sjöar, älvar och myrar inte längre är frusna på samma sätt som förr måste de ta långa omvägar för att klara samma sträcka.

- **Laxar**

  Laxar påverkas av klimatförändringarna och riskerar att minska drastiskt. När vattentemperaturen ökar så minskar överlevnaden hos både yngel och vuxna individer.

Sårbara grupper

Klimatförändringarna påverkar människors hälsa. Sverige är extra utsatt då befolkningen inte är van vid extremt höga temperaturer[106].

Extremt höga temperaturer är påfrestningar på hjärtat

och att kroppens salt- och vätskenivåer rubbas genom svettningar.

- Blodet blir mer koncentrerat, vilket kan orsaka blodproppar.
- Huvudvärk,
- Utmattning,
- Uttorkning
- Allvarliga symptom som kramper och värmeslag.

Ökad dödlighet

När värmen stiger över det optimala ökar dödsfallen. Onormalt många dödsfall sker när det blir extrem värme under en sammanhängande tidsperiod.

Under sommaren 2018 dog exempelvis 700 personer fler än normalt då juli 2018 var den varmaste månaden i Sverige. Sommaren hade fler dagar än någonsin över 30 grader. I större städer är det ofta också varmare redan från början och där ökar överdödlighet.

Därtill kommer luftföroreningar i högre grad i städer vilka också påverkar hälsan.

Dödsorsak under värmeperioder dokumenteras ofta som hjärt- och kärlsjukdom eller hjärtsvikt.

Folkhälsomyndighetens statistik visar att extremt höga temperaturer följs av ökad överdödlighet.

Sårbara grupper

Mest utsatta är de äldre. Under den varma sommaren 2018 var det också bland de äldre som dödsfallen ökade mest.

Riskgrupperna i samhället är dock flera förutom äldre:

- Kroniskt sjuka,
- Personer med funktionsnedsättning,
- Små barn,
- Gravida
- Personer som tar vissa mediciner
- Personer som haft hjärtinfarkt.

Extra sårbara är människor som vistas mycket inomhus då många byggnader och deras ventilationssystem är gjorda för ett svalare klimat.

- En annan riskgrupp är de med psykiatriska sjukdomar
- Andra riskgrupper är astmatiker (kopplat till luftföroreningar), individer med tungt fysiskt arbete, blåljus- och vårdpersonal i skyddsutrustning.

Växt- och pollensäsongens längd ökar med stigande temperatur. Mögel och kvalster trivs bättre i ett varmare och fuktigare klimat.

Ett varmare klimat medför fler och kraftigare skyfall, vilket kan ge fler översvämningar.

- Transportleder bör därför anpassas så att ambulanser och brandbilar inte hindras under akuta utryckningar.
- Klimatanpassning av både sjukhusen och infrastrukturen kring dem är därför en viktig del i samhällsplaneringen.

Ras och skred ökar i takt med att skyfallen ökar. Skogsbränder förväntas öka i ett varmare och torrare klimat. Detta kan också medföra skador och dödsfall.

Varningen: Extremväder kommer att bli vanligare

Grekland drabbades av stora bränder sommar 2021. I IPCC:s rapport slår man fast att extremväder, i synnerhet värmeböljor, har blivit vanligare och mer intensiva. Om utsläppen fortsätter att öka kan extremväder bli allt vanligare, varnar forskare[107].

FN:s generalsekreterare Antonio Guterres menar att rapporten måste innebära en *nådastöt* för fossila bränslen.

- *Ingen går säker och alla berörs. Vi måste se klimatkrisen som ett pågående och ständigt närvarande hot*, säger Inger Andersen, chef för FN:s miljöprogram UNEP

IPCC har publicerat en rapport. Som förväntat kom dystra besked.

- *Klimatförändringarna pågår, det är vi som är orsaken och den kommer att fortsätta så länge utsläppen gör det*, säger Markku Rummukainen, professor klimatologi vid Lunds universitet och medlem i klimatpolitiska rådet.

Sommaren 2021 har präglats av extremväder i form av värmeböljor, bränder och översvämningar.

- *Det vi måste komma ihåg är att vi alla bor på platser som har byggts upp under decennier och århundraden för att klara av ett visst klimat. Det riktigt, riktigt skrämmande är att varje prestation i varje mänskligt samhälle på jorden skedde under ett klimat som inte längre existerar*, säger Simon Lewis, professor i global förändring, till The Guardian.

Vi måste nu leva med vad vi har gjort mot klimatet, och att vi är hopplöst oförberedda på att hantera allt svårare extremväder trots att de har förutspåtts i årtionden.

IPCC slår i rapporten fast att den globala uppvärmningen är *oundviklig* och att det är människan som orsakat den.

- *Ingen går säker och alla berörs. Vi måste se klimatkrisen som ett pågående och ständigt närvarande hot*, säger Inger Andersen, chef för FN:s miljöprogram UNEP.

Extrema värmeböljor kan drabba över en halv miljard människor

Extrema värmeböljor på uppemot 60 grader – det kan bli verklighet i Mellanöstern och Nordafrika i framtiden om koldioxidutsläppen fortsätter uppåt. Forskarna varnar för att extremvärmen kommer att tvinga många människor på flykt mot Europa[108].

Redan i dag når temperaturen ibland över 50 grader i till exempel Bagdad. Det måste vi vänja oss vid tror en grupp forskare i en studie som publicerats i tidskriften Nature climate change. De målar upp ett stekhett Mellanöstern och Nordafrika om klimatutsläppen fortsätter som i dag.

I slutet av tjugohundratalet kan det enligt forskarnas modeller bli vad de kallar ultraextrema värmeböljor sommartid, med temperaturer över 56 grader i flera veckor i sträck.

- *Temperaturer på 60 grader kan inte uteslutas. Men även om man tar ett optimistiskt scenario så kommer det vara områden i regionen med värmeböljor kring 55 grader. Då ska man inte vara ute. Kroppen avdunstar så fort att man snabbt drabbas av uttorkning. Det är extremt farligt*, säger klimatforskaren Jos Lelieveld på Max Planck-institutet i Mainz som lett forskningen.

Kan tvinga fram massflykt

Utan ekonomisk utveckling, social trygghet och tillgång på vatten så kan framtidens heta somrar tvinga många människor i Mellanöstern och Nordafrika på flykt norrut.

- *Om man har råd med luftkonditionering kan man stanna. Men om man inte har det tror jag att människor kommer att börja migrera. Jag tror inte att de kommer att åka till tropiska Afrika, utan mot Europa. Så det handlar inte bara om att avvärja en mänsklig katastrof, utan Europa har även ett egenintresse i att se till att det här inte händer,* säger Jos Lelieveld.

Är de välkomna till oss i Sverige?

En ny metod visar tydligt samband mellan klimatförändringar och extremväder.
Är extremväder i Sibirien och torkan som ledde till skogsbränderna i Australien, normala vädervariationer, eller beror de på klimatförändringarna[109]?

Nu finns nya metoder för att vetenskapligt kunna belägga sambanden.

- *Det går inte att säga att en enstaka storm eller värmebölja är en direkt konsekvens av klimatförändringarna,* säger Erik Kjellström, professor i klimatologi på SMHI.
- *Men den globala uppvärmningen gör att vissa väder händelser blir vanligare och ofta mer intensiva.*

Översvämning
Med översvämning menas att vatten täcker ett område som normalt inte står under vatten. De bakomliggande orsakerna är olika beroende på om översvämningarna sker längs kusterna, vid vattendrag, vid sjöar eller i städer[110].

Skyfall i städer

Hela landet drabbas av skyfall även om de är något vanligare i söder. Mycket talar för att skyfallen kommer att bli kraftigare i framtiden. Skyfallen i städer förorsakar mer skada än utanför städerna. Detta beror på att i städer är större ytor hårdgjorda, dvs. gator, trottoarer och byggnader. Detta innebär att det blir mindre ytor, som kan ta emot vattenmängderna.

I ett varmare klimat kan atmosfären innehålla mer vattenånga och det skapar förutsättningar för en kraftigare nederbörden. Men liksom i dagens klimat kommer skyfallen att variera naturligt.

Hav

Översvämningsrisken längs kusterna kommer i framtiden att beror på bland annat havsnivåhöjning och landhöjning. Havets nivå kommer med stor sannolikhet att stiga under mycket lång tid i framtiden. Landhöjningen medför att effekten av havsnivåhöjningen blir lägre i de mellersta och norra delarna av Sverige.

Landhöjningen är för närvarande c:a 1 mm per år i Skåne och 10 mm per år i Norrland.

21. Världens fattigaste drabbas värst av klimatförändringar

WaterAid redovisar rapporten *Wild Water* att tillgången till rent vatten för människor som bor på landsbygden. Rapporten visar att av de 663 miljoner människor som idag saknar tillgång till rent vatten bor en klar majoritet, 522 miljoner, på landsbygden. Dessa bor ofta på svåråtkomliga platser, har bristfällig infrastruktur och saknar tillräckligt med finansiering för investeringar[111].

WaterAid
Samlar in pengar och informerar om varför vatten, sanitet och hygien är viktigt.

Extremt väder som torka och översvämningar, orsakade av klimatförändringar, drabbar särskilt den fattigaste delen av världens befolkning. Samhällen på landsbygden är extra sårbara för extremt väder och klimatförändringar eftersom de i hög utsträckning är beroende av jordbruk och boskapsskötsel.

Cecilia Chatterjee-Martinsen, generalsekreterare för WaterAid Sverige, kommenterar:

- *Klimatförändringarna förvärrar en redan svår situation för de 522 miljoner människor på landsbygden som saknar rent vatten. För att kunna stå emot klimatförändringar krävs att människor har tillgång till en säker vattenkälla som kan förse dem med rent vatten även vid torka eller översvämningar. Därför är satsningar på rent vatten ett väldigt effektivt sätt att bygga samhällens motståndskraft mot klimatförändringar,* säger Cecilia Chatterjee-Martinsen.

- *WaterAid uppmanar internationella och nationella ledare att leverera på de globala hållbarhetsmålen och särskilt mål 6 som fastslår att alla människor överallt ska ha tillgång till rent vatten och sanitet år 2030. Om det ska kunna uppnås måste mer satsas på de mest utsatta samhällena på landsbygden,* säger hon.

Viktigaste punkterna ur rapporten

- Klimatförändringar kommer leda till att extremt väder blir vanligare, särskilt i länder som redan idag tillhör världens fattigaste.
- Klimatförändringar riskerar att förvärra en redan svår situation för de 663 miljoner människor som saknar tillgång till rent vatten. År 2050 förväntas över 40 procent av världens befolkning leva i områden där det råder vattenbrist.
- I Afrika förväntas temperaturökningen som följd av klimatförändringarna stiga snabbare än i övriga världen, vilket riskerar att leda till mer extremt och opålitligt väder. Människor som är beroende av jordbruk och boskapsskötsel är extra känsliga för extremt väder och andra effekter av klimatförändringar.
- Sjukdomar som kolera, trakom, malaria och denguefeber förväntas bli vanligare i områden som utsätts för extremt väder som torka och översvämningar.
- Indien är det land i världen där flest människor på landsbygden lever utan rent vatten (63 miljoner). Det innebär att nästan var tionde människa på jorden som lever utan tillgång till rent vatten bor på den indiska landsbygden.
- På bara 15 år har andelen av landsbygdsbefolk-

ningen med tillgång till rent vatten i Kambodja stigit från 38 procent till 69 procent.

- På landsbygden i Papua Nya Guinea har mindre än var tredje människa tillgång till rent vatten.

WaterAid uppmanar till att:

- Länder ökar finansieringen till rent vatten, sanitet och hygien. Tillgång till rent vatten och sanitet bygger inte bara samhällens motståndskraft mot klimatförändringar och extremt väder, det är också grundläggande mänskliga rättigheter.
- Beslutsfattare ökar ansträngningarna för att nå de globala hållbarhetsmålen, inklusive mål 6 att alla

människor överallt ska ha tillgång till rent vatten, sanitet och hygien till år 2030.

- Alla länder lever upp till klimatavtalet från Paris 2015 samt att mer av klimatbiståndet går till att stötta fattiga länders klimatanpassning. Idag når mindre än en tredjedel av det globala klimatbiståndet de minst utvecklade länderna.

22. Det klimatpolitiska ramverket

Det klimatpolitiska ramverket inbegriper fem etappmål som ska nås mellan 2020 och 2045[112].

Det har antagits av Riksdagen och ska skapa ordning och reda i klimatpolitiken och baseras på en överenskommelse inom den parlamentariska Miljömålsberedningen[113].

För första gången får Sverige en lag som innebär att varje regering har en skyldighet att föra en klimatpolitik, som utgår från de klimatmål som riksdagen har antagit. Varje regering ska också tydligt redovisa hur arbetet med att nå målen fortskrider.

För första gången kommer Sverige att ha långsiktiga klimatmål bortom 2020 och ett oberoende klimatpolitiskt råd som granskar klimatpolitiken. Reformen är en central del i arbetet för att Sverige ska leva upp till Parisavtalet.

Det klimatpolitiska ramverkets delar

Det klimatpolitiska ramverket består av tre delar: klimatlag, klimatmål och ett klimatpolitiskt råd.

- **Klimatlag**

  Klimatlagen lagfäster att regeringens klimatpolitik ska utgå ifrån klimatmålen och hur arbetet ska bedrivas.

  Regeringen ska varje år presentera en klimatredovisning i budgetpropositionen.

  Regeringen ska vart fjärde år ta fram en klimatpolitisk handlingsplan som bland annat ska redovisa hur klimatmålen ska uppnås.

  Den nya klimatlagen trädde i kraft den 1 januari 2018.

- **Klimatmål**

  Senast år 2045 ska Sverige inte ha några nettoutsläpp av växthusgaser till atmosfären, för att därefter uppnå negativa utsläpp. Målet innebär att utsläppen av växthusgaser från svenskt territorium ska vara minst 85 procent lägre år 2045 än utsläppen år 1990. Vid beräkning av utsläppen från verksamheter inom svenskt territorium omfattas inte utsläpp och upptag från markanvändning, förändrad markanvändning och skogsbruk (LULUCF).

De kvarvarande utsläppen ned till noll (15%) kan uppnås genom så kallade kompletterande åtgärder.

Som kompletterande åtgärder får räknas:

- upptag av koldioxid i skog och mark till följd av ytterligare åtgärder (som är additionella, alltså utöver de åtgärder som redan genomförs),
- utsläppsminskningar genomförda utanför Sveriges gränser, samt
- avskiljning och lagring av koldioxid från förbränning av biobränslen, så kallad bio-CCS.

För att nå målet får även avskiljning och lagring av koldioxid av fossilt ursprung räknas som en åtgärd där rimliga alternativ saknas.

Utsläppen i Sverige i de sektorer som kommer att omfattas av EU:s ansvarsfördelningsförordning, bör senast år 2030 vara minst 63 procent lägre än utsläppen 1990, och minst 75 procent lägre år

2040. Utsläppen som omfattas är främst från transporter, arbetsmaskiner, mindre industri- och energianläggningar, bostäder och jordbruk. Dessa utsläpp ingår inte i EU:s system för handel med utsläppsrätter, som omfattar det mesta av utsläppen från industrin, el- och fjärrvärmeproduktion samt flygningar med start och landing inom det europeiska ekonomiska samarbetsområdet EES. På motsvarande sätt som för det långsiktiga målet finns även möjlighet att nå delar av målen till år 2030 och 2040 genom kompletterande åtgärder, såsom ökad upptag av koldioxid i skog eller genom att investera i olika klimatprojekt utomlands. Sådana åtgärder får användas för att klara högst 8 respektive 2 procentenheter av utsläppsminskningsmålen år 2030 och 2040.

Utsläppen från inrikes transporter, utom inrikes flyg, ska minska med minst 70 procent senast år 2030 jämfört med 2010. Anledningen till att inrikes flyg inte ingår i målet är att inrikes flyg ingår i EU:s system för handel med utsläppsrätter.

- **Klimatpolitiskt råd**

I december 2017 utsåg regeringen åtta ledamöter till Klimatpolitiska rådet, varav en ordförande och en vice ordförande. Samtliga utsågs för en period på tre år. Därefter ska rådets ledamöter själva lämna förslag om vilka som ska efterträda dem, som ett sätt att stärka rådets oberoende. Rådets ledamöter ska ha hög vetenskaplig kompetens inom ämnesområdena klimat, klimatpolitik, nationalekonomi, samhällsvetenskap och beteendevetenskap.

Rådets uppgift blir att bistå regeringen med en oberoende utvärdering av hur den samlade politik som regeringen lägger fram är förenlig med klimatmålen. Rådet ska bland annat utvärdera om inriktningen inom olika relevanta politikområden gynnar eller motverkar möjligheten att nå klimatmålen[114].

Ledamöter:

- Cecilia Hermansson, ordförande, Klimatpolitiska rådet. Är disputerad ekonom och forskare i finansiell ekonomi vid KTH.
- Björn Sandén, vice ordförande, Klimatpolitiska rådet. Professor i innovation och hållbarhet på Chalmers tekniska högskola.
- Elin Lerum Boasson, professor i statsvetenskap vid universitetet i Oslo.
- Annika Nordlund, docent i psykologi vid Umeå universitet.

- Henrik Smith, professor i zooekologi vid Lunds universitet.
- Patrik Söderholm, professor i nationalekonomi med särskilt fokus på energi-, miljö- och naturresursekonomi vid Luleå tekniska universitet (LTU),
- Victoria Wibeck, professor vid Tema miljöförändring vid Linköpings universitet.

23. Parisavtalets 1,5-gradersmål

För att kunna nå Parisavtalets 1,5-gradersmål, miljökvalitetsmålet behöver de globala utsläppen av växthusgaser minska snabbt. I första hand är det önskvärt att alla länder ställer om sina territoriella utsläpp i linje med 1,5-gradersmålet och inför ett enhetligt och tillräckligt högt pris på koldioxid[115].

2030

Växthusgasutsläppen i Sverige i ESR-sektorn bör senast år 2030 vara minst 63 procent lägre än utsläppen år 1990.

ESR-sektorn är de verksamheter som inte omfattas av EU:s system för handel med utsläppsrätter

Växthusgasutsläpp från inrikes transporter ska minska med minst 70 procent senast år 2030 jämfört med år 2010.

2040
Växthusgasutsläppen i Sverige i ESR-sektorn bör senast år 2040 vara minst 75 procent lägre än utsläppen år 1990. Högst två procentenheter av utsläppsminskningarna får ske genom kompletterande åtgärder.

2045
Senast år 2045 ska Sverige inte ha några nettoutsläpp av växthusgaser till atmosfären, för att därefter uppnå negativa utsläpp. För att nå nettonollutsläpp får kompletterande åtgärder tillgodoräknas. Utsläppen från verksamheter inom svenskt territorium ska vara minst 85 procent lägre än utsläppen år 1990.

Betoningen i Sveriges arbete ligger på användning av generella ekonomiska styrmedel. Dessa kompletteras med riktade åtgärder för att exempelvis stödja utveckling och marknadsintroduktion av ny teknik.

Det långsiktiga målet till 2045 omfattar Sveriges totala utsläpp som uppstår inom landets gränser.

Utsläppen omfattar framförallt förbränningsanläggningar och energiintensiv industri och inrikes transporter (exkl. koldioxidutsläpp från inrikes flyg), som står för omkring hälften av dessa utsläpp i dagsläget, och jordbruk, som står för en knapp fjärdedel.

För transporterna finns dessutom ett eget mål till 2030.

Utsläpp av växthusgaser från inrikes transporter

De samlade utsläppen i Sverige har minskat med 35 procent mellan åren 1990 och 2020.

Minskningen kan delvis förklaras av genomförda åtgärder (till exempel övergång från fossila bränslen till förnybar energi och energieffektivisering) och delvis av avstannad tillväxt inom industrin.

Som basår för beräkningarna av de territoriella utsläppen används året 1990. Flera åtgärder som har påverkat utsläppsutvecklingen infördes redan innan 1990. Det handlar bland annat om

- en historisk utbyggnad av koldioxidfri elproduktion (vattenkraft och kärnkraft samt på senare år biokraft och vindkraft)
- en utbyggnad av fjärrvärmenäten och den följande övergången från oljeeldade värmepannor till både el och fjärrvärme
- en högre användning av biobränslen och avfallsbränslen inom el och fjärrvärmeproduktionen, bränsleskiften inom industrin samt minskad deponering av avfall.

Exempel på pågående och genomförda insatser

- Initiativet Fossilfritt Sverige ger aktörer möjlighet att synliggöra hur de bidrar till klimatarbetet, både nationellt och internationellt, och utgör en plattform för att påskynda omställningen. Fossilfritt Sverige samlar aktörer som företag, kommuner, regioner och organisationer som ställer sig bakom utfästelsen om att Sverige ska bli världens första fossilfria värdfärdsland. För närvarande deltar över 500 aktörer.

För att stödja de teknikskiften som behövs för den svenska processindustrins klimatomställning ges stöd till förstudier och investeringar genom satsningen Industriklivet.

Regeringen har gjort en särskild satsning på naturbaserade lösningar för att återväta torvmarker samt restaurera och anlägga våtmarker, bland annat i syfte att minska utsläppen av växthusgaser.

På Naturvårdsverkets webbplats finns exempel på åtgärder som individer kan bidra med för att sänka samhällets klimatpåverkan.

Territoriella utsläpp och upptag av växthusgaser

Sveriges utsläpp av växthusgaser har minskat med 33 procent sedan år 1990, och uppgår under 2021 till 48 miljoner ton koldioxidekvivalenter[116].

Statistik över koldioxidutsläpp från personbilstrafiken 2020

Typ av bil	Antal	Genomsnittligt koldioxidutsläpp (gram/km)
Bensindrivna bilar	129 335	146,85
Dieseldrivna bilar	59 541	165,00
Gasdrivna bilar	3 214	116,34
Etanoldrivna bilar	1	190
Eldrivna bilar	27 756	0,00
Laddhybrider (diesel/el)	2 965	36,24
Laddhybrider (bensin/el)	62 822	41,39
Vätgasdrivna bilar	5	0,00
Totalt antal nyregistrerade bilar	285 639	111,67

Miljoner ton CO_{2ekv}	Ändring 1990-2020	Ändring 1990-2020
Utsläpp av växthusgaser		
• Utrikes transporter	5,53	148,3%
• Arbetsmaskiner	-0,72	-18,3%
• Avfall	-2,72	-72,7%
• Egen uppvärmning	-8,62	-92,6%
• El och fjärrvärme	-2,96	-45,7%
• Industri	-6,34	-30,5%
• Inrikes transporter	-4,09	-21,5%
• Jordbruk	-0,73	-9,5%
• Produktanvändning	0,87	152,6%
Upptag av växthusgaser		
• Markanvändning. förändrad markanvändning och skogsbruk	-3,18	8,7%

24. Klimatförändringar hotar barns framtid

Varje år dör 1,7 miljoner barn under fem år till följd av miljöfaktorer, och siffran för hur många som kommer påverkas negativt framöver är betydligt högre. Det här är ett problem som inte kan vänta. UNICEF arbetar för att rädda och skydda barnen[117].

Barns tillgång till hälsa, mat, vatten, ren luft, utbildning och skydd begränsas av ökade antalet extrema väderkatastrofer runt om i världen begränsar. 1,7 miljoner barn under fem år dör varje år, och ännu fler går miste om en lycklig och hälsosam framtid.

600 miljoner barn – ett av fyra barn i världen – kommer att bo i områden med extremt begränsad tillgång till vatten år 2040.

I perioder av torka spenderar barn även mindre tid i skolan, eftersom de kan tvingas gå flera mil för att hämta vatten.

- Skolor och sjukhus förstörs vid översvämningar,

- Barn förlorar sina hem, vänner och familjemedlemmar.
- Skadade vattenanläggningar gör att vattenburna sjukdomar som kolera sprids, vilket snabbt blir livshotande för små barn.
- Över 500 miljoner barn lever nu i områden där risken för översvämningar är mycket stor, på grund av extremt väder som cykloner, orkaner och stigande havsnivåer.

Genom att investera i katastrofriskreducering, som tidiga varningssystem, kan samhällen bli bättre förberedda för att skydda barn under extrema väderhändelser.

Omkring 160 miljoner barn lever i områden med höga nivåer av torka. År 2040 kommer ett av fyra barn att bo på platser med mycket begränsad tillgång till vatten.

Vi kan säkra vattentillgång på ett effektivt sätt, men det krävs mer investeringar för att skala upp och göra systemen mer hållbara.

Luftföroreningar är också ett allvarligt hot mot barns hälsa.

Barn riskerar även att påverka hjärnans utveckling genom att andas giftig luft.

90 procent av alla barn under fem år drabbas av sjukdomsfall orsakade av klimatförändringar. 17 miljoner av dem är under ett år gamla.

Koldioxidutsläpp och andra växthusgaser leder till allvarliga konsekvenser för barn. Årligen bidrar det till omkring 600 000 dödsfall bland barn under fem år. Barnen drabbas av lunginflammation och andra luftvägssjukdomar. Renare, förnybara energikällor, kollektivtrafik som fler har råd med, fler gröna områden i stadsmiljöer kan förbättra hälsan för miljontals människor.

Klimatförändringarna gör världen till en mycket farlig plats för barn att växa upp på. UNICEF arbetar dag som natt för att lösa dem.

När barnkonventionen antogs gav världens ledare ett löfte till barnen. Nu måste världen hålla det löftet.

Klimatförändringarna kommer att påverka alla och inte minst barnen.

25. Jordbruket

Kött och miljö[118]

Inom flera miljöområden har vi passerat de säkra gränserna för vad planeten klarar av att hantera utan mycket allvarliga konsekvenser. Det är bråttom att vända trenden på många områden.

Miljömålen är baserade på internationella överenskommelser varav vi i Sverige har formulerat 16 miljömål. De flesta berör livsmedelsproduktionen.

Enligt miljömålen ska klimatpåverkan för utsläppen av växthusgaser till år 2020 ha minskat med 40 procent jämfört med 1990 och visionen är att Sverige år 2050 inte ska ha några nettoutsläpp av växthusgaser.

Detta mål styrs av risken att den globala medeltemperaturen stiger med mer än 2°C jämfört med den förindustriella nivån. Den globala medeltemperaturen har ökat med cirka 0,7 grader de senaste 100 åren. Utsläppen av växthusgaser ökar fortfarande både i Sverige och internationellt och nu måste vi bryta denna utveckling.

Ett rikt växt- och djurliv handlar om att främja den biologiska mångfalden genom bevarandet av olika arters livsmiljöer. Många arter i Sverige är beroende av att landskapet hålls öppet. Trenden för den biologiska mångfalden är tyvärr negativ.

Nära 2000 arter klassades som hotade enligt den senaste rödlistan från 2010, vilket är fler än tidigare listor och av dessa är två tredjedelar kopplade till odlingslandskapet.

Globalt utgör köttproduktionen ett av de främsta hoten mot biologisk mångfald genom bl.a. att foderodling och betesmark expanderar och konkurrerar ut den naturliga vegetationen.

Ett annat allvarligt problem är övergödning av våra hav och vattendrag beror på att näringsämnen läcker ut från åkermarken. Utvecklingen inom detta område går åt rätt håll om än för långsamt. Miljömålet giftfri miljö handlar om att minska halterna av miljöfrämmande ämnen i naturen är inte heller möjligt att nå. Vidare bidrar ammoniakutsläpp från gödsel till försurning.

WWF skriver[119]:

> Mat och dryck står för mellan 20-30 procent av miljöpåverkan inom samtliga kategorier av miljöpåverkan

t.ex. klimat, försurning och spridning av giftiga substanser och för hela 50 procent av belastningen när det kommer till övergödning. Kött och mejeriprodukter står för en stor andel av utsläppen från livsmedelssektorn.

När det gäller minskning av klimatpåverkan från transport- och boendesektorn sätts stor tilltro till tekniska lösningar såsom förnybar el- och värmeproduktion, passivhus, elbilar etc. Området livsmedel skiljer sig från dessa eftersom växthusgasutsläppen från jordbruket domineras av icke energirelaterade utsläpp; nämligen lustgas från marken och metan från djurhållning, som uppstår i biologiska processer och till stor del är ofrånkomliga. Dessa är svårare att kontrollera och minska i väsentlig utsträckning genom tekniska åtgärder.

Matvanor för minskad miljöpåverkan

Man har försökt beräkna hur mycket utsläppen från livsmedelsproduktionen kan sänkas.

Det handlar om åtgärder som

- Att hushålla med kväve,
- Göra biogas av gödseln,
- Spara på energi i alla led,

- Jordbrukstekniska åtgärder.

Mycket tyder på att det kommer att vara mycket svårt att åstadkomma omfattande minskningar av miljöpåverkan inom livsmedelsområdet med enbart åtgärder i produktionsledet, speciellt eftersom det är bråttom inom många områden. För att nå miljömålen kommer vi att behöva förändra vad och hur vi konsumerar.

Vi konsumenter kan minska miljöpåverkan från sin livsmedelskonsumtion. En enkel åtgärd är att inte köpa mer mat än den man äter upp. När svinnet är borträknat säljs mer mat i Sverige än vad vi som befolkning behöver äta för att må bra. Att äta en lagom mängd mat är således också bra för hushållskassan, miljön och hälsan.

Om man beaktar utsläpp från hela livsmedelskedjan, d.v.s. från

- Produktion av råvarorna i jordbruket,
- Vidare till förädling,
- Paketering,
- Transporter,
- Lagring,
- Tillagning

Om vi sedan gör en livscykelanalys (LCA) kan vi räkna ut hur stora utsläppen blir per kg livsmedel,

Det har visat sig att utsläppen från produktion av kött domineras nästan helt av utsläppen från jordbruket. Efterföljande led som transporter och paketering adderar mycket litet till den totala miljöpåverkan.

Således är inte närproducerade varor mer miljövänliga. Det avgörande är hur produktionen i jordbruket sker och på hur transporterna sker.

Transporter i stora lastfartyg släpper ut litet växthusgaser i jämförelse med t.ex. en liten lastbil.

Det moderna jordbruket[120]

Industrialiseringen av jordbruket under 1800-talet innebar att landskapet med hjälp av nya produktionsformer omdanades i allt snabbare takt. Bönderna startade kooperativa företag, som kallades lantmannaföreningar, vilka organiserades i central- och lokalföreningar. Detta innebar en insamling, förädling och försäljning av lantbrukets produkter, men också för inköp av redskap, maskiner och produktionsmedel samt för bank- och försäkringstjänster.

Jordbruket tog forskningen till hjälp med växtförädling, avelsarbete, utfodring och ladugårdskontroll. Ett stort antal företag bildades.

Konstgödseln var en annan innovation som kom att få

stor påverkan. Det var en industriprodukt som minskade beroendet av naturligt gödsel. Naturlig gödning var inte längre nödvändig för växtodlingen. Därmed ökade de näringsrikaste jordarna på slätten, som nästan enbart utnyttjades för växling.

Jordbrukskapaciteten ökade, vilket medförde en ökad internationell handel utan motsvarande konsumtionsökning. Jordbrukskrisen var en överskottskris som drabbade det svenska jordbruket hårt i slutet av 1920-talet.

De mindre lantbruken med animalieproduktion drabbades, eftersom prisfallet var störst på animaliska produkter. Småbruken hade dessutom svårt att rationalisera driften genom kostnadskrävande mekanisering.

Efterkrigstidens jordbrukspolitik fastställdes av riksdagen 1947. Detta innebar bland annat att prisregleringarna knöts samman med en rationalisering av jordbruket. Landet skulle bli självförsörjning av landet och samma inkomstmöjligheter för jordbrukarna som för andra jämförbara grupper.

26. Växthusgaser från kor och människor

Är pruttande kor verkligen miljöbovar[121]? Vi människor pruttar och rapar också och vi är säkert fler till antal än de stackars kossorna. Det är vi människan som skapat jordens koldioxidutsläpp med hjälp av motordrivna fordon och flyg, fabriksutsläpp, olje- och fastbränsleuppvärmt boende och inte minst alla kärnvapenprov, inklusive krig som utövas lite varstans och så vidare och dessutom metan från våra pruttar.

FN:s expertrapport fastslår att boskapssektorn står för 18 procent av mänskliga växthusgasutsläpp globalt – mer än bilar, flyg och båtar tillsammans. En svensk ko släpper i genomsnitt ut minst hundra kilo metan per år. Metan har 21 gånger starkare växthuseffekt än koldioxid, vilket gör att kons andning och pruttande släpper ut lika mycket växthusgas som en vanlig bil som går 1 000 mil per år[122].

Några slutsatser

- Vanligt nötkött orsakar 14 kilo växthusgaser för varje kilo vi köper.
- En biff kan vara upp till 70 gånger värre för klimatet än morötter.

Ska vi beskatta bonden då han frivilligt valt att ägna sig åt miljöförstöring? Men lösningen är kanske norrmännens försök ta fram artificiellt kött, odlat i laboratorium i en petriskål?

Maten som vi äter och slänger står för ungefär en fjärdedel av människans klimatpåverkan. Detta orsakar miljöproblem som minskad biologisk mångfald, övergödning och utarmning av naturresurser. Inom några decennier beräknas dessutom världens livsmedelsbehov öka med ytterligare 60 procent[123].

Antipruttpiller

Forskare vid tyska Hohenheim universitetet försöker utvecklade ett antipruttpiller. Det är stort som en knytnäve, tar flera månader att brytas ner och ska förvandla metangasen i kons mage till glykos, något som förhoppningsvis leder till mer mjölk och mindre ljudliga/skadliga utsläpp av metan.

Värt att notera

1911 fanns det

- 2,7 miljoner nötkreatur,
- 1 miljon får
- 2 000 bilar
- knappt någon åkte utomlands.

Idag finns det

- 1,5 miljoner nötkreatur,
- 500 000 får
- 4,4 miljoner bilar
- 443 000 åker till Thailand.

Ändå försöker svenska organisationer och ibland även myndigheter få oss att tro att kons fisar och rapar som är problemet.

27. Kläders miljöpåverkan

Vi räknar framförallt boendet, transporterna och maten som de konsumtionsområden som har allra störst påverkan på miljöns. Man missar lätt kemikalieanvändningen och problemen med konstbevattningen.

Tygtillverkningen är en mer komplicerad process än man kan tro. Man räknar med att 1,5-7 kg kemikalier går åt för att tillverka ett kg tyg. Dessa kemikalier kan var ett problem vid odlingen och förädling men kan också finnas kvar i den färdiga produkter och påverka oss konsumenter.

Konstbevattning har medfört att Aralsjön har blivit ett skräckexempel. Den var en gång världens fjärde största sjö, nu finns bara 10 procent kvar och vattnet har blivit salt.

Något att tänka på:

- Använd befintliga kläder länge.
- Laga trasiga kläder. Gör det själv eller lämna till skräddare/skomakare.
- Köp second hand.
- Fler och fler använder utöver butiker också auktionssajter för att köpa och sälja kvalitetskläder.
- Byt kläder. Man kan ordna själv.
- Hyr kläder. Lånegarderoben är ett exempel där man betalar ett fast belopp och kan byta tre

plagg var tredje vecka.

Det finns egentligen ingen anledning att köpa nytt, för det finns väldigt mycket kläder i omlopp.

Men om det ändå ska köpas nytt så kan man tänka på följande:

- **Köp kvalitet**
  Du vill behålla längre, det håller längre och är lättare att sälja och byta.

- **Köp miljömärkt**
  De vanliga svenska märkningarna finns på kläder, som Svanen, Bra miljöval och EU-blomman. Glädjande nog har de internationella märkningarna nu gått ihop under ett gemensamt märke, GOTS. Man känner igen det på en vit skjorta på grön botten. Om plagget saknar något av dessa märken men det ändå står ekologisk eller organisk så kan det vara så att bomullen är ekologiskt odlad, men sen har de vanliga kemikalierna använts i tillverkningsprocessen.

28. Matens klimatpåverkan

Från hage till mage

Mejerivaror och nötkött är viktiga komponenter i vår mat. Det finns en uppfattning om att framför allt nötkött har en stor inverkan på klimatet genomen stor växthusgasbildning[124].

Om man gör en livscykelanalys kan man se vilken påverkan produktionen har och var i produktionskedjan påverkan är som störst.

Sex slutsatser utifrån flera livscykelanalyser av svensk mjölkproduktion

- Den största miljöpåverkan sker på gården.
- Försurning och övergödning av naturen orsakas till viss del av jordbruket, genom förluster av kväve och fosfor från både växtodling och djurhållning.
- Mjölkproduktion ger upphov till växthusgaser (koldioxid, lustgas och metan). Gaserna kommer framförallt från foderodling, förbränning av fossila bränslen och kornas fodersmältning.
- Transporterna av mjölk och hanteringen i mejeriet ger jämförelsevis små utsläpp av växthusgaser, särskilt när man använder förnybara drivmedel och förnybar energi.

- Miljöpåverkan är inte alltid negativ. Mjölkproduktion och kor är en förutsättning för ett öppet och varierat landskap och betande djur bidrar till en rik biologisk mångfald och många ekosystemtjänster.
- Du som konsument är viktig. Om du exempelvis cyklar för att handla istället för att ta bilen, om du undviker att slänga mjölkprodukter och om du återvinner dina förpackningar, betyder det mycket för mjölkens totala miljö- och klimatpåverkan.

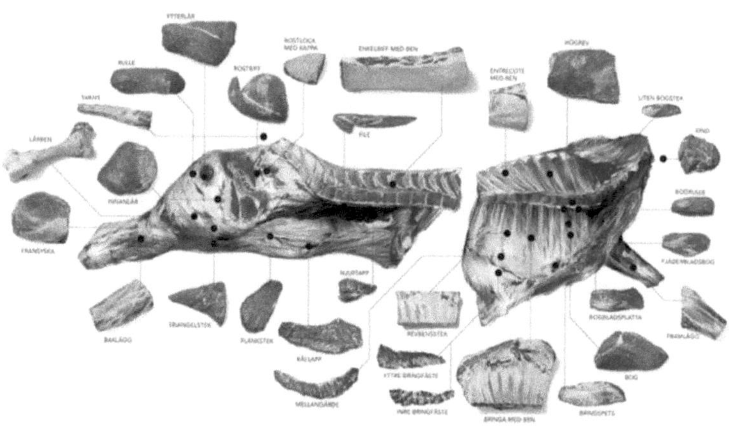

Matens miljö- och klimatpåverkan måste sättas i relation till vad man får i form av näring. Vi måste ju äta och då gäller det att göra val som också är bra för hälsan. Mjölk och andra mejeriprodukter har en påverkan på miljön och klimatet, men de innehåller också många värdefulla näringsämnen som vi alla behöver varje dag.

I en studie visades att mjölk är den måltidsdryck som ger mest näring i förhållande till sin klimatpåverkan.

Några av gaserna i växthusgaserna har en större påverkan på klimatet än koldioxid. Vi beräkningar av effekterna av gaserna räknar man om till koldioxid. Av nedanstående tabell framgår att lustgas har en mycket stark effekt.

Man ser att jordbrukets utsläpp kommer från både fossil och förnyelsebara råvaror.

Utsläpp av växthusgaser från jordbruk 1990–2017, tusen ton koldioxidekvivalenter

	1990	2000	2010	2017
Lagring av gödsel	614	589	590	595
Djurs matsmältning	3 278	3 299	3 065	3 021
Jordbruksmark	3 766	3 886	3 167	3 570
Totalt	7 658	7 774	6 771	7 186

Det är de idisslande djuren som släpper ut växthusgasen metan genom sin förmåga att äta gräs[125].

- En ko släpper ut 100 kilo metan varje år. Det motsvarar mängden koldioxid som en bil som kör 1 000 mil spyr ut under ett år.

- Varje kilo vanligt nötkött som vi köper orsakar 14 kilo växthusgasutsläpp.

En ko rapar metan ungefär en gång var 90:e sekund, eller fyra gånger på fem minuter, och det tämligen regelbundet under hela dagen[126].

Konsumtionsbaserade klimatutsläpp

De utsläpp av växthusgaser som kan knytas till vår konsumtion kallas för konsumtionsbaserade klimatutsläpp. Då räknas den totala klimatpåverkan ut som konsumtionen bidragit till både i Sverige och i andra länder. Den största delen utsläpp av växthusgaser som orsakas av svensk konsumtion sker idag utomlands[127,128].

	Investeringar	Offentlig konsumtion (inkl. HIO)	Övrigt	Boende	Livsmedel	Transporter	Totala utsläpp per person och år
2008	3.28	1.33	1.41	1.70	1.75	2.45	11.90
2012	2.64	1.27	1.26	1.54	1.70	2.27	10.68
2016	2.73	1.13	1.09	1.26	1.55	1.91	9.68
2019	2.70	1.00	1.00	1.20	1.40	1.70	9.01

Utsläpp av växthusgaser i Sverige

Utsläppen av växthusgaser i Sverige har enligt SCB minskat med 25 procent sedan 1990. Minskningen beror till största delen på att värmesystem med oljeeldning har bytts ut till värmesystem med lägre klimatpåverkan som t.ex. fjärrvärme och värmepumpar.

Många produkter som vi konsumerar i Sverige är importerade från andra länder och ger klimatutsläpp i de länder där de tillverkas eller odlas och finns därför inte med när Sverige redovisar sina klimatutsläpp. Utsläpp från produkter som konsumeras i Sverige men som produceras i andra länder har ökat med nästan 50 procent under de senaste 20 åren[129].

Utsläpp av växthusgaser per sektor, 2020 miljoner ton koldioxidekvivalenter[130]

Inrikes transporter	15,03
Industri	14,44
Jordbruk	6,93
El och fjärrvärme	3,52
Arbetsmaskiner	3,22
Produktanvändning (inkl. lösningsmedel)	1,44
Avfall	1,02
Egen uppvärmning av bostäder och lokaler	0,69
	46,29

Konsumtionsbaserade utsläpp – de dolda utsläppen

Det ser bättre ut på pappret för klimatet att äta en köttbit från Brasilien än att äta bönor från Öland. Statistiken tar inte hänsyn till de utsläpp vår import och våra utrikesresor orsakar i andra länder[131].

Faktum är att de utsläpp av växthusgaser som vår konsumtion orsakar inte har minskat alls.

De nationella utsläppen av växthusgaser har minskat med omkring 25 procent sedan 1990. Samtidigt är däremot de utsläpp som Sveriges import och utrikesresor orsakar i andra länder ganska oförändrade.

Osynliga utsläpp

De konsumtionsbaserade utsläpp som Sverige orsakar utgör omkring 100 miljoner ton växthusgaser, mätt i koldioxidekvivalenter, per år. Två tredjedelar av dessa utsläpp sker i andra länder. Det här kan jämföras med de svenska nationella utsläppen, som ligger på omkring 54 miljoner ton om året. I den siffran ingår även utsläpp som orsakas av svensk export.

- Tillverkning utomlands, internationella transporter och utrikes resor – 67 miljoner ton växthusgaser. Räknas inte.
- Tillverkning i Sverige transporter och export – 54 miljoner ton växthusgaser. Räknas.

Att dagens klimatmål bara behandlar de utsläpp som sker inom Sveriges gränser medför flera svårigheter.

Några av de största problemen är:

- En skev bild av verkligheten: Att bara räkna med de utsläpp som sker inom Sveriges gränser leder till skruvade siffror.
- Utsläpp ingen låtsas om: Just nu räknas inte utsläppen från internationell flyg- och sjöfart in i något lands klimatstatistik. Räknar man samman alla länders flyg- och sjöfartsutsläpp blir det 45 gånger mer än Sveriges nationella utsläpp.
- Bryter mot politiska mål: Hela riksdagen står bakom att vi inte ska lämna över miljöproblem till nästa generation eller till andra länder.
- Dimridåer: Att inte räkna med de konsumtionsbaserade utsläppen försvårar möjligheterna att sätta in rimliga politiska åtgärder.

Klimatpåverkan varierar mycket mellan olika livsmedel. Vissa livsmedel har generellt lägre klimatpåverkan än andra:

- Baljväxter, såsom bönor, ärtor och linser, är en klimatsmart proteinkälla.
- Potatis har en minimal klimatpåverkan.

- Ris har en betydligt större påverkan på klimatet, eftersom ris som odlas på vattendränkta marker som släpper ut relativt mycket växthusgaser[132].

Vegetarisk kost och/eller kött?

Den mest klimatsmarta kosten är vegetarisk. Därför kan det få stor effekt om man minskar på köttportionerna eller byter ut kött mot vegetariska alternativ.

Köttets klimatpåverkan varierar kraftigt beroende på vilket djurslag köttet kommer från. Exempelvis orsakar nötkött mer utsläpp än fågelkött.

Kor, får och getter är idisslare. I denna process bildas metan, en kraftig växthusgas som påverkar klimatet. När djuren andas eller rapar släpps en del av gasen ut. Mängden foder och vilken typ av foder djuren ätit påverkar hur stora metanutsläppen blir.

Kött och miljö

Vi äter ungefär 50-55 kg kött per person och år i Sverige enligt Livsmedelsverkets senaste matvaneundersökning[133].

Ur hälsosynpunkt finns det inga skäl att äta så mycket kött som vi gör idag. Det är bra att dra ner på kött och charkprodukter, eftersom det kan minska risken för tjock- och ändtarmscancer.

När vi väljer vad vi ska äta så kan miljöaspekter spela in

Det finns flera saker du kan göra för att bidra till en bättre miljö och samtidigt äta hälsosamt.

Livsmedelsverkets förslag[134]:

- Minska på köttportionen och äta mer vegetariskt, så påverkar måltiden klimatet mindre. Det är bra att ersätta en del av köttet med vegetabilier som rotfrukter, spannmål, ärter och bönor.
- Välja kött från betande djur som håller marker öppna och bidrar till biologisk mångfald, såsom naturbeteskött.
- Äta fler delar av djuret, inklusive inälvsmat och chark, så hela djuret tas till vara.
- Undvika att kasta kött så inte miljön påverkas i onödan av mat som inte äts upp.

Påverkan på klimatet

Djuren lever på olika grödor, som direkt *förbrukar* den koldioxid som djuren orsakar.

Produktionen av grödor, såsom soja, för att utfodra djuren i köttindustrin skapar en belastning på jordens naturresurser.

Våmmen är en av kons fyra magar. Där bryts kolhydrater ner till fettsyror. Det bildas också koldioxid och metan, två växthusgaser som kon släpper ut vid nosen. Fodrets sammansättning har betydelse för hur mycket metan, som bildas – ju mer grovfoder desto mera metan.

Proteinrik soja produceras i dag i stora mängder och den genomsnittliga europén konsumerar runt 61 kilo per år - det mesta via djurprodukter som kyckling, fläsk, lax, ost, mjölk och ägg.

Den globala efterfrågan på animaliska livsmedel beräknas kräva en ökad sojaproduktionen med nästan 80 procent år 2050[135].

Med över 23 miljarder kycklingar, höns och kalkoner – motsvarar mer än tre per person - är fjäderfän den största konsumenten av växtbaserat foder globalt. Därefter kommer mängden grisarna i köttindustrin.

Faktum är att världen konsumerar mer animaliskt protein än den behöver och det är förödande för djurlivet. Vi vet att många människor är medvetna om att en köttbaserad kost påverkar både hav och land, och orsakar utsläpp av växthusgaser, men få vet att det största problemet kommer från det växtbaserade foder som djuren äter.

Om människor håller sig inom de rekommenderade konsumtionsnivåerna i stället för att överkonsumera så skulle regnskog i storlek med 1,5 gånger EU:s yta räddas från sojaproduktionen.

Mindre animaliskt protein skulle också göra det möjligt att odla på ett mer hållbart sätt, med mindre inverkan på miljön vilket skulle ge hälsosammare och mer näringsrik mat.

För ironiskt nog har den ökande användningen av foder lett till en minskning av näringsinnehåll i de animaliska produkterna. Man måste i dag äta sex intensivt uppfödda kycklingar för att få i sig samma mängd omega-3 som man kunde få av bara en kyckling på 1970-talet.

Vilka delar i vår konsumtion påverkar klimatet mest?
Den privata konsumtionen som påverkar klimatet mest är livsmedel, transporter, boende samt kläder och skor och utgör cirka 2/3 av Sveriges konsumtionsbaserade utsläpp. Resten av utsläppen kommer från offentlig konsumtion samt offentliga och privata investeringar.

Genom Parisavtalet har världens alla länder kommit överens om att jordens temperaturökning ska hållas väl under två grader, helst högst 1,5 grader. Vi i Sverige behöver minska de konsumtionsbaserade klimatutsläppen från 11 ton per person och år till 2 ton senast 2030 och då behöver de utsläpp som vår konsumtion orsakar i andra länder också minska.

Vad kan göras för att minska de konsumtionsbaserade klimatutsläppen?
En cirkulär ekonomi, förutom att spara på jordens resurser, bidrar till ett lägre klimatutsläpp än de mål som EU och FN har satt.

Dessutom behöver det löna sig ekonomiskt både för privatpersoner och för företag att minska sina utsläpp.

Klimatet på vår jord påverkas av maten på vårt bord
Alla som hanterar livsmedel vill veta hur de kan minska sin klimatpåverkan. Odling och förädling påverkar klimatet, det gör även transporter, förpackningar och avfall. Med faktabaserad kunskap om livsmedels klimatpåverkan blir det enklare att sätta in åtgärder där det ger störst effekt[136].

Är vegetariskt det mest klimatsmarta valet?
Allra lägst utsläpp har matkassen innehållande säsongsanpassad vegetarisk mat. Den klimatsmarta konsumenten ska koncentrera sig på vad som äts istället för att ha fokus på närproducerat. I en undersökning framgår att en matkasse med lokalt odlade varor bidrar endast med

obetydligt lägre klimatutsläpp än en genomsnittlig svensk matkasse. Dvs. närproducerat är inte så viktigt[137].

Klimatpåverkan har analyserat närodlad och fjärrodlad mat med en livscykelanalys.

- *Debatten om klimatsmart mat har varit felfokuserad, vilket lett till att många konsumenter idag tror att närodlat alltid är det klimatsmartaste valet. Men vår undersökning visar att transportavståndet egentligen kan ha ganska liten betydelse,* säger Stefan Åström, forskare på IVL, Svenska Miljöinstitutet.

Allra lägst utsläpp har matkassen innehållande säsongsanpassad vegetarisk mat. Genom att äta säsongsanpassad vegetarisk mat kan utsläppsmängden av växthusgaser halveras. Ett försiktigt överslag visar att om alla svenskar skulle göra ett sådant val av kost skulle växthusgasutsläppen minska med cirka 3.6 miljoner ton koldioxid.

Om vi fixar maten så fixar vi också planeten

Att matfrågan är viktig i ett helhetsperspektiv för klimathotet framgår av detta uttalande från professor Johan Rockström[138].

- *All den forskning som jag har lett vid Stockholm Resilience Centre visar att maten är den största enskilda orsaken till globala miljöproblem. Det innebär att om vi fixar maten så fixar vi också planeten. Mat är den enskilt största utsläppskällan av växthusgas, den enskilt största konsumenten av färskvatten och den enskilt största orsaken till övergödning, vilket vi känner av väldigt starkt här i Sverige med världens sjukaste innanhav, Östersjön. Jordbruksutvecklingen är också den enskilt största orsaken till förlust av biologisk mångfald,* säger Johan Rockström.

Några Chalmersforskare framför liknande åsikter:

- *Bli vegan och rädda klimatet. Om vi alla blev veganer, skulle växthusgasutsläppen från mat minska stort*[139].

Utsläppen av växthusgaser beror på vad vi producerar som i sin tur beror på vad vi konsumerar. Utsläppen kommer från djurhållningen och växtodlingen. Av de sistnämnda kommer utsläppen från biologiska processer[140].

Utsläppsminskningar kan vi uppnå genom...

... att vi minskar vår konsumtion av produkter och tjänster som orsakar utsläpp av växthusgaser.

... att produktionen av det vi konsumerar effektiviseras och därmed ger upphov till mindre utsläpp.

Utsläpp av växthusgaser från livsmedelskonsumtion

Vår livsmedelskonsumtion medför växthusgasutsläpp på

drygt två ton koldioxidekvivalenter per svensk och år.

1. Totalt uppgår vår CO_2-bildning till runt tio ton per person och år och varav cirka åtta ton utgör privat konsumtion.
2. Dagens kost domineras av animaliska livsmedel som kött och mejeriprodukter. I västvärlden äter vi mycket av dessa livsmedel.
3. Med ökande inkomster stiger köttkonsumtionen.
4. Sötsaker, drycker och tobak bidrar också mycket till dagens livsmedelskonsumtions klimatpåverkan.
5. Från jord till bord uppstår svinn och mycket mat kastas.
6. Detta matsvinn gör att utsläppen av växthusgaser från vår livsmedelskonsumtion är högre än vad de annars skulle vara[141].

Matsvinnets påverkan på klimatet

Att minska matsvinnet kan vi var och en medverka till[142].

Förluster och svinn i livsmedelskedjan står för 10 procent av de globala växthusgaserna enligt WWF:s och Tescos rapport Driven to Waste från 2021 och 6 procent av EU:s växthusgaser enligt EU kommissionen.

Naturvårdsverket har beräknat matsvinnet. Från hushållen slängs eller hälls ut 370 000 ton ätbara livsmedel per år.

Detta svinn kan generera 500 000 ton växthusgaser. Till det ska läggas svinn från

- restauranger,
- offentliga kök,
- grossister
- butiker.

Detta kan beräknas till minst 200 000 ton ätbar mat som ger ytterligare cirka 400 000 ton växthusgaser.

Lågt räknat står matsvinn och förluster i hela livsmedelskedjan för åtminstone en miljon ton växthusgaser per år.

Regeringen har antagit en handlingsplan mot matsvinn i 42 punkter. Tre myndigheter, Livsmedelsverket, Jordbruksverket och Naturvårdsverket, arbetar för att minska matsvinnet. Det anslås totalt 6 miljoner per år kronor som ska räcka till löner, utredningar, projekt, enkäter, statistikinsamling, information och kommunikation till hushåll, livsmedelsföretag, restauranger, kommuner och offentlig sektor till exempel skolor och äldreomsorg.

Att minska matsvinnet är en av de lägst hängande frukterna för att minska det svenska klimatavtrycket. Dessutom gör ett minskat matsvinn att även andra miljöeffekter gynnas, såsom biologisk mångfald, vattenhushållning och att spara odlingsmark.

Matsvinnets påverkan på klimatet negligeras

Att minska matsvinnet är en av de lägst prioriterade frågorna skriver bland andra Ingrid Strid, matsvinnsforskare[143].

Förluster och svinn i livsmedelskedjan står för 10 procent av de globala växthusgaserna enligt WWF:s och Tescos rapport Driven to Waste från 2021 och 6 procent av EU:s växthusgaser enligt EU kommissionen. För Sveriges del finns inga officiella uppgifter.

Från hushållen slängs eller hälls ut 370 000 ton ätbara livsmedel per år. En beräkning av klimatpåverkan från bortkastade mat är 500 000 ton växthusgaser. Dessutom tillkommer svinn från restauranger, offentliga kök, grossister och butiker om minst 200 000 ton ätbar mat vilket motsvarar ytterligare cirka 400 000 ton växthusgaser. Summan av förluster blir åtminstone en miljon ton växthusgaser per år.

Klimatkrisen är en hungerkris

Afrikas horn befinner sig i en av de värsta hungerkriserna under de senaste 70 åren, och den globala uppvärmningen har en direkt inverkan på denna katastrof, eftersom stigande temperaturer innebär att regionen också lider av en förödande torka. Miljontals människors liv är för närvarande i fara på grund av misslyckade skördar, massdöd och vattenbrist[144].

Klimatnödläget och svälten hör ihop. Extrema väderlek gör det svårare för bönder att producera mat över hela världen. Problemet är dock värre där klimatet redan är varmare.

Många företag fortsätter att fungera som om det är *business as usual*. Alltför många av dem som dominerar vårt globala livsmedelssystem sätter inte människor i centrum för sin verksamhet eller tar itu med sin miljöpåverkan.

Sättet för stora företag att förbättra livsmedelssäkerheten och klimatresiliensen i Afrika är att stärka jordbrukarna – särskilt småbrukarna, som utgör kontinentens primära livsmedelsproducenter.

Klimatresiliensen
Förmågan (hos t.ex. samhället) att klara ett förändrat klimat.

De behöver stödjas för att öka livsmedelsproduktionen, möta framtida livsmedelsbehov och få slut på hungern utan att utarma naturresurserna.

5 platser känner redan klimatförändringens effekter

Här är fem platser som redan påverkas av klimatförändringar och global uppvärmning[145].

De flesta klimatprognoser ser fram emot de potentiella riskerna 50 eller 100 år från och med nu finns det platser runt om i världen som redan påverkas av den globala uppvärmningen.

Här är fem platser där klimatförändringen redan slår nära hemmet:

- **Stora Barriärrevet**

  Satellitmätningar har visat att vattnet i Australiens stora barriärrev har värmts med 0,2°C grader per år i genomsnitt under de senaste 25 åren.

- **Newtok, Alaska**

  Newtok, och många andra byar i Alaska, har byggts uppe på permanent fryst jord, kallad permafrost. När havstemperaturen ökar, smälter Alaskans permafrost.

- **Mumbai, Indien**

  Den indiska metropolen i Mumbai är en av de platser som riskerar farliga och kostsamma översvämningar på grund av klimatförändringen, enligt en rapport som utgavs av Världsbanken tidigare i år.

- **Alperna**

  Alperna, en av de mest kända bergskedjorna i Europa, har länge varit känd för sina skidorter och som är populärt året runt för utomhusentusiaster. Men klimatologerna varnar för att global uppvärmning kan skapa problem för den alpina regionen.

- **Gansu-provinsen, Kina**

  Jordbrukare över Kinas Gansu-provins, ett av landets torraste regioner, kämpar redan för att klara klimatpåverkan, eftersom torka och torrt land bidrar till regionens stora fattigdom.

29. Grönlands klimat[146]

Det som händer på Grönland är ett exempel på många av de processer som nu pågår inom det Arktiska området-

Isen smälter rekordsnabbt på Grönland och hela Grönland är på väg att smälta bort.

Hur ser Grönland ut och vad som sker och har skett ur ett längre tidsperspektiv. I tidningsartiklarna nämns inget om AMO, begrepp som cirkulerade flitigt och som naturliga förklaringar till decemberkylan i Västeuropa men som spelar samma roll för vädret på Grönland. Grönlands klimatvariationer de senaste 100 åren domineras av dessa klimatfenomen.

AMO är en intern, kvasiperiodisk variation i de Atlantiska havsströmmarna. **AMO** varierar cykliskt över en period av 55–70 år och uttrycker sig som en varierande temperatur i ytvattnet i Nordatlanten med en amplitud av ca 1–1,5°C.

Den totala ismassan på Grönland växte fram till början på tjugohundratalet varefter den har smält ned något. De stora inlandsisar har funnits på Grönland i ca 3 miljoner år.

Grönland har knappt 56 000 invånare. Omkring 18 000 av dem bor i huvudstaden Nuuk. Grönland är en del av kungariket Danmark, men har en hög grad av självstyre, som senast utvidgades 2009.

Inlandsisen på Grönland är enorm

Inlandsisen på Grönland är enorm. Isen innehåller så mycket is, att om den smälter skulle havsnivån öka med 7 meter. Inlandsisens har minskat med ca 200 Gt/år sedan 2003. Minskningen varierar mellan olika år och är mycket stor, så det är svårt att göra en prognos. För att få en uppfattning om storleken kan man hypotetiskt tänka att inlandsisen skulle minska med 200 Gt/år så skulle det ta 14 500 år innan isen var borta[147].

- Isen finns till största delen på öns inland.
- Isen är i genomsnitt 1.500 meter tjock.

- Vid några punkter är tjockleken runt 3.000 meter.
- Isens volym är 2.850.000 km^3.

Bergstopparna skjuter upp från isen. Isen kalvar stora isberg. Kusterna är markerade av sterila, steniga öar, många och stora havsbukter och fjordar, trädlösa toppar och glaciärer vid havets kuster.

Isen på Grönland förändras under året beroende på vädret. Nederbörden ökar isens massa medan värmer orsakar smältning. Uttrycket *surface mass balance* används för förändringar på ytan och tar inte med förluster genom kalvning och att is som kommer i kontakt med havet smälter. Nyfallen snö är vit och reflekterar större delen av solens strålar. När snön värms upp eller blir äldre mörknar den. Mörka områden abosrberar mer av solstrålarnas energi vilket gör att is smälter. Det kallas för *albedoeffekten*.

Isens utveckling

IPCC menar att isen minskat sedan 1992. Grönlands nederbörd är större än avsmältningen, med volymen anses minska genom kalvningen, dvs is som flyter ut i havet.

IPCCs beräknar att avsmältningen kan bidra med 5 cm ökad havsnivå 2081-2100 jämfört med nivån 1986-2005.

Under perioden 2003-2012 minskade volymen med 234 kvadratkilometer vatten vilket motsvarar en höjning av havsnivån med 0,65 mm, dvs 0,06 mm/år i genomsnitt.

Ett normalår snöar det mer än avsmältningen, men isens kalvning inverkar också på isens massa. Under det senaste decenniet har isens massa minskar med ungefär 200 Gt/år.

Den varmare temperaturen har ökat nederbörden vilket har reducerat minskningen av isen. Men mängden nederbörd är osäker då det finns få väderstationer och satellitmätningarna kom igång i början av 1990-talet.

Grönlands temperatur

Det finns uppgifter från väderstationer ända från 1873. De visar att högsta vintertemperaturen inträffade redan 1929 på ett par ställen. Andra stationer har högsta temperaturen runt 2010.

Hittills har omkring 100 miljarder ton is smält under den grönländska avsmältningssäsongen, som varar från juni till augusti. Det är mindre än under rekordåret 2019, men enligt Polar Portal är området där is smälter större nu än då.

The Guardian skriver att isen på Grönland nu smälter snabbare än vid något tillfälle tidigare under de senaste 12 000 åren, enligt forskarnas beräkningar.

Inte längre någon återvändo för Grönlands isar

Grönlands istäcke har smält så pass mycket att det inte längre finns någon återvändo[148].

Även om vi kan vända den globala uppvärmningen så kommer isen att fortsätta vittra sönder.

Issmältningen har varit så drastiskt de senaste åren att den har orsakat en mätbar förändring i gravitationsfältet över Grönland.

Mot slutet av detta århundrade kan havsnivån ha stigit

med närmare en meter.

Lågliggande önationer ligger i riskzonen.

- *Det finns många ställen, särskilt i Florida, där en meter skulle täcka många befintliga landområden. Och det förvärras av stormar och orkaner och sådana saker,* säger Michalea King till CNN.

Michalea King är postdoktor och arbetar vid Polar Science Center.

Michaela King har studerat Grönlands istäcke med hjälp av satellitdata från Grönlands istäcke – som består av cirka 200 glaciärer – som sträcker sig över fyra decennier. Det finns inte någon återvändo utan allt leder till hastiga och oförutsägbara höjningar av havsnivån.

Varnar för utsläpp

Når isen ner till en kritisk nivå kan det vara omöjligt att hindra att hela istäcket smälter bort.

- *Vi står vid randen och för varje år som koldioxidutsläppen fortsätter som vanligt ökar risken för att vi når brytpunkten exponentiellt,* säger Niklas Boers, en av forskarna bakom studien.

Forskarna har analyserat hur issmältningen sett ut sedan 1880 med hjälp av bland annat isprover och historiska temperaturuppgifter.

Krympande istäcke verkar vara den största orsaken till att isen smälter allt snabbare, men även andra faktorer spelar in. Exempelvis leder minskade snöfall till att istäckets mörka yta drar till sig mer värme från solen.

- *Det är angeläget att vi får en bättre förståelse för hur olika positiva och negativa mekanismer, som avgör istäckets stabilitet och fortsätta utveckling, samspelar,* säger Niklas Boers till Guardian.

Niklas Boers är verksam vid Free University Berlin.

Massiv avsmältning på Grönland[149]

På två sommardygn smälte 17 miljarder ton is på Grönland. Danska Polar Portal beskriver utvecklingen som *en massiv avsmältningshändelse.*

Under en grönländska avsmältningssäsongen kan över 100 miljarder ton is smält. Under rekordåret 2019 smälte 532 miljarder ton. enligt siffror från amerikanska Nasa.

The Guardian rapporterar att Östra Grönland har upplevt rekordtemperaturer runt 20 grader.

- *Snön är som en skyddande filt, så när den är borta får du en process av snabbare och snabbare avsmältning. Så vem vet vad som kommer att hända med smältningen nu,* säger Marco Tedesco, klimatforskare vid amerikanska Columbia University, till tidningen.

Sammanfattningsvis är smältningen ungefär som vanligt, eller mer samtidigt som nederbörden i form av regn fryser och därför lägger Grönland på sig massa totalt sett enligt dessa forskare. Anledningen är att värmeböljan i Kanada styr kall luft mot Grönland.

Isens undersida smälter snabbt[150]

En forskargrupp från University of California och NASA har funnit att fjordarna på Grönland är betydligt djupare än man tidigare har trott varför glaciärerna flyter ut i fjordarna och kommer i kontakt med djupgående, varma saltvattenströmmar från subtropiska områden och på så vis urholkas underifrån. Detta medför att issmältningen går fortare än forskarna tidigare har räknat med.

- *Den här interaktionen mellan havet och isen finns inte med i våra klimatmodeller för Grönlands isar. Det innebär att beräkningen av havshöjningen, som en konsekvens av issmältningen, måste ändras. Urholkningen av glaciärerna sker i princip överallt där glaciärer möter hav på Grönland. Även vid Antarktis, Patagonien, Svalbard och Alaska är det liknande förhållanden*, säger Eric Rignot.

Eric Rignot. Professor i Earth System Science. Skolan för fysikaliska vetenskaper.

Vi kan finna cirka 90 procent av världens sötvatten i glaciärerna och inlandsisarna på Grönland. I takt med att isarna smälter stiger havsnivån globalt. Detta vore förödande och skulle medföra en mängd problem för många av världens största städer som ligger vid kusten.

Rekordsmältningar av is på Grönland under 2019

Under 2019 smälte rekordstora mängder is på Grönland, det konstaterar en forskargrupp som genom avancerad satellitteknik och klimatmodelleringar av smältprocesserna studerat ön[151].

Johan Nilsson, professor i fysisk oceanografi vid meteorologiska institutionen på Stockholms Universitet

Men Johan Nilsson menar att även om issmältning på Grönland är allvarligt eftersom det är en stor bidragande faktor i att vattennivån i världshavet höjs, så ska inte temperaturer eller mängden smält is under enstaka år övertolkas. De två föregående åren, 2017 och 2018 sticker nämligen ut åt motsatt håll. Då var temperaturerna lägre och det smälte ovanligt lite is på Grönland.

- *Den viktiga saken man ska komma ihåg är att på*

grund av väder, som varierar från ett år till ett annat, så kan det ena året skilja sig rätt mycket från det andra. Men när man ser över den här 20-årsperioden så går det i en riktning. Så det är väldigt tydligt en påverkan av den globala temperaturstegringen.

Grönlands istäcke smälter sju gånger snabbare än i början av 90-talet

Larmet kommer från 96 forskare, som har publicerat sin nya studie om Grönlandsisarna i vetenskapsmagasinet Nature[152].

Grönland har förlorat 3,8 biljoner ton is sen 1992. Det minskade istäcket har fått havsnivån att stiga med 10,6 millimeter och isarna smälter nu också mer än sju gånger snabbare än de gjorde för närmare 30 år sen.

Numera försvinner årligen 254 miljarder ton is på Grönland, jämfört med 33 miljarder ton på 90-talet.

Om istäcket fortsätter att smälta i samma takt kommer 400 miljoner människor drabbas av årliga översvämningar mot slutet av 00-talet, skriver flera medier. Det är 40 miljoner fler än FN:s klimatpanel IPCC tidigare har förutspått. Forskare varnar nu för att det inte spelar någon roll vad man vidtar för åtgärder för att begränsa den globala uppvärmningen – isarna kommer att fortsätta att smälta i flera decennier.

Regn föll över grönlandsisen för första gången sedan mätningarna startade på en plats där temperaturerna sällan kryper över fryspunkten. Detta enligt NBC News[153].

Första kända regnet över Grönlands högsta punkt

Forskare har för första gången någonsin observerat regn över Grönlands högsta punkt på cirka 3 000 meters höjd, rapporterar The Guardian[154].

Forskarna överraskades och var inte beredda att mäta hur mycket regn som kom, men de observerade nederbörd hela den 14 augusti. Det regnade några dagar som var ovanligt varma på Grönland med temperaturer på 18 grader över det normala på vissa håll.

Glaciärforskaren Ted Scambos säger till CNN att det vi ser nu *saknar motstycke* och att det är ett tecken på klimatförändringarna.

30. Polarisarna

Nordpolen har inga glaciärer men är ändå en rejäl klump med is. Avsmältningen av Arktis isar sker enligt principen *två steg framåt och ett tillbaka*. När polarisen smälter släpps mängder med nedkylt vatten ut i havet. Det medför att en tillfällig nedkylning av havsvattnet så att avsmältningen tillfälligt stoppar ett år, kanske två.

Det kan medföra att polarisarna tillfälligt växer. Men den ökningen är kortvarig. Om man jämför förändringen över en längre följd av år blir avsmältningen och minskningen av polarisarna tydlig[155].

Isbjörnar svälter när sälarna de normalt jagar från isen inte går att hitta och sälkutarna drunknar när isen de föds på smälter bort innan de blivit stora nog att klara sig i havet.

Detta medför att handelsvägar för fartyg och fiskeflottor kan fiska ut världens sista hav som förskonats från storskaligt fiske eftersom det varit så svårtillgängligt.

Svältande isbjörn

Arktis is är som en isbit som guppar omkring i havet. Däremot är det inte bra att inlandsisen, glaciärerna, på Antarktis (Sydpolen) och Grönland smälter eftersom smältvattnet därifrån ger en direkt påverkan på havsytan.

Haven runt Grönland och Antarktis får en minskad salthalt, eftersom is och snö aldrig innehåller salt. Det påverkar de djur och fiskar som lever i saltvatten som tvingas flytta därifrån, om de kan.

Vad händer med havsnivån?

En negativ effekt är att världshavens vattennivå höjs när inlandsisar och glaciärer smälter och smältvattnet rinner ut i haven, och de största inlandsisarna hittar vi på just Grönland och Antarktis. Man beräknar att:

- Om Grönland blir isfritt stiger havsnivån med 7-10 meter.
- Om Antarktis blir isfritt stiger havsnivån ytterligare 60-70 meter.

Vad händer med Golfströmmen om Arktis blir isfritt?

Golfströmmen

En tredje negativ effekt är att Golfströmmen kan ta en annan bana. Golfströmmen uppstår av att vatten i Karibiska havet och Mexikanska Golfen, som är grunda hav, värms upp av solen.

Golfströmmen hotad i Norden[156]

Om koldioxidhalten i atmosfären fördubblas finns en risk att Golfströmmen försvagas dramatiskt, enligt en ny studie. Havsströmmarnas cirkulation i Nordatlanten kan komma att försvagas allvarligt om koldioxidhalten i atmosfären når upp till mycket höga nivåer.

Man befarar att cirkulationen håller på att störas av den ökade avsmältningen av inlandsisen på Grönland. Smältvattnet är sötvatten och blandar ut havsvattnet och tros kunna blockera Golfströmmens varma vatten.

Under förutsättning att koldioxidhalten i atmosfären fördubblas från 1990 års nivå och når upp till cirka 700 ppm (miljondelar) är risken stor att hela cirkulationssystemet kollapsar.

Men det kan dröja. Kollapsen kommer i så fall 300 år efter fördubblingen av koldioxiden. Men effekterna skulle bli dramatiska.

Vad skulle detta innebära?

- Temperaturerna skulle falla kraftigt i det nordatlantiska området,
- Havsisen i Arktis skulle expandera
- Nederbördsmönstren skulle rubbas påtagligt.
- Klimatet i Norden skulle bli som i dagens Alaska.

De flesta forskare antar att effekterna på Golfströmmen av den pågående klimatuppvärmningen blir ganska måttliga.

Golfströmmen närmar sig kritisk brytpunkt[157]
Ny forskning visar att strömmen blivit allt mindre stabil. En kollaps kan få katastrofala konsekvenser.

Golfströmmen är en del av ett större system kallat *Atlantic Meridional Overturning Circulation (AMOC)* som går från Mexikanska golfen genom Floridasundet längs USA:s kust.

Studier har visat att Golfströmmen är svagare än på 1000 år och den nya studien, som publicerats i Nature Climate Change, visar att läget kan vara ännu allvarligare än man tidigare trott.

Forskare från Potsdam Institute for Climate Impact Research, Freie Universität Berlin och Exeter University har med hjälp av salthalten från hela Atlanten och temperaturen vid havsytan och undersökt olika varningsindikatorer för kommande kritiska övergångar. De kom fram till att det finns *betydande tidiga varningssignaler"* och att Golfströmmen blir allt mindre stabil.

Golfströmmen är ett av jordens viktigaste cirkulationssystem. En fortsatt försvagning kan leda till en kollaps och det skulle få katastrofala följder.

- Regn som miljarder människor är beroende av skulle störas,
- Delar av världen skulle få ännu högre havsnivåer.
- Amazonas regnskogar och Antarktis istäcke skulle hotas ytterligare.
- Starkare stormar och lägre temperaturer skulle drabba Europa.
- Lägre temperaturer i Europa innebär inte att vi skulle täckas av glaciärer.
- Kalla vintrar – varma, torra somrar

Skulle nästan bli obeboeligt i Sverige

I Sverige kommer vintern kantas av temperaturer på om kring minus 50 grader. Vi skulle också få allt torrare somrar, fler stormar under vinterhalvåret och Sveriges medeltemperatur kommer att sjunkit med omkring åtta grader om golfströmmen stannar:

Antarktis

Antarktis är land- och havsområdena kring Sydpolen. Antarktis, som även är en egen djurgeografisk region, är till skillnad från Arktis en riktig kontinent med en landmassa som ligger ovanför havsytan. Det är den enda kontinent som saknar bofast mänsklig befolkning, men det finns fler eller färre tillfälliga boende.

Arktis

Arktis är det stora havsområdet runt jordens norra pol samt omkringliggande landområden. Till skillnad från Antarktis klassas Arktis varken som en riktig kontinent eller världsdel.

De rikliga naturtillgångarna har skapat myter och föreställningar, lockat upptäckare och exploatörer, lett till konflikter och frihet.

Exakt vad Arktis är och vem som har rätt att definiera det, är en obesvarad fråga. Arktis saknar tydliga gränser och sträcker sig över flera stater, tre kontinenter, hav och ingenmansland med över bråddjupa vatten och uråldriga isar. Enligt Arktiska Rådet går sydgränsen någonstans mellan polcirkeln och den 60:e nordliga breddgraden, exakt var är upp till varje enskild medlemsstat att själv avgöra.

En stor del av de nordiska land- och havsområdena ligger

i den arktiska regionen. Bland annat Grönland och Svalbard, som är två av de platser som skildras i utställningens dokumentärfilmer.

Arktis- och Antarkis skillnader[158]
En stor del av Arktis omges av landområden och är ett istäckt hav vid Nordpolen.

Från en vinters maximala utbredning av isen på cirka 15.5 miljoner kvadratkilometer is kan utbredningen i mars minska till 4-7 miljoner kvadratkilometer i september.

Antarktis består istället av en isolerad kontinent, täckt av en upp till 4.5 kilometer tjock inlandsis. Inlandsisen innehåller omkring 90 procent av all världens is och cirka 75 procent av jordens sötvattenreserver.

Runt Antarktis växer varje vinter en stor havsis till, som till ytan blir större än den vid Arktis. Det betyder en maximal isutbredning av cirka 18.5 miljoner kvadratkilometer is i slutet av södra halvklotets vinter i september.

Det mesta av vinterns havsis runt Antarktis smälter, till cirka 2.5 miljoner kvadratkilometer som minst i slutet av det södra halvklotets sommar i februari-mars.

Runt Antarktis där havsisen ofta smälter undan under

sommarmånaderna december-februari hinner den generellt inte bli lika tjock som havsisen i Arktis. Den genomsnittliga havsistjockleken runt Antarktis är 1-2 meter.

Havsisen kring Antarktis är mer rörlig jämfört med Arktis då den antarktiska havsisen ligger i direkt anslutning till västvindsbältet.

Havsisen runt Antarktis rör sig ut mot varmare vatten utan något som hindrar den. Detta är inte fallet i Arktis på samma sätt.

Den maximala havsisutbredningen i Antarktis uppvisar en hög grad av symmetri medan den i Arktis varierar betydligt. Detta beror på vindens och havsströmmarnas mönster. Runt Antarktis rör sig vinden och havsströmmarna obönhörligt runt kontinenten vilket mer eller mindre isolerar Antarktis från varmare vatten längre norrut. Man kan också se hur de årliga minimumen och maximumen har minskat över tid.

Havsisar i Antarktis smälter snabbare än Arktis. Antarktis har inte påverkats av den globala uppvärmningen på samma sätt som Arktis i norr – men det kan ha ändrats nu.

Havsisarna i Antarktis har krympt drastiskt – och har på

fyra år tappat lika mycket som Arktis gjort på 34 år, skriver The Guardian.

Fram till 2014 ökade havsisarna i Antarktis långsamt i omfattning – för att sen krympa kraftigt med ett bottenrekord 2017.

- *Det har varit en enorm minskning*, säger Claire Parkinson, NASA till The Guardian.

Hon kallar nedgången för *stupande* och för en *dramatisk vändning*. Forskarna har ännu inte hittat orsaken.

- *Vi vet inte om minskningen kommer att fortsätta. Men det väcker frågan om varför det har hänt och om vi kommer att se någon stor ökning av krympande isar i Arktis*, fortsätter Claire Parkinson.

Arktis omges av land och värmande luft medan Antarktis är en kontinent som omges av hav och utsätts för starka vindar, skriver The Guardian. Antarktis inte lika påverkat som Arktis

Havsisexperten Kaitlin Naughten fortsätter:

- *Klimatförändringarna påverkar vindarna, men det gör även ozonhålet och kortsiktiga cykler som El Niño. Havsisen påverkas också av smältvatten från Antarktis istäcke. Fram till 2014 har den totala effekten av detta varit att Antarktis havsisar växer men 2014 vände något och havsisen har sen dess minskat dramatiskt.*

El Niño är ett återkommande kombinerat klimat- och hydrologiskt fenomen i Indiska oceanen och Stilla havet. Det uppträder oftast vart tredje till femte år.

Det innebär smältande isar

Hav och land är mörkare än ett istäcke – och mörka ytor absorberar mer värme än ljusa varför temperaturen riskerar öka ännu mer.

Samtidigt hotas livsmiljön av krympande isar för bland annat isbjörnar, valrossar och sälungar.

När glaciärer smälter stiger också havsnivån. Det förändrar både ekosystem och livssituationen för människor som bor där isarna rinner av[159].

Varnar för mer global uppvärmning

Professorn Andrew Shepherd vid Leeds universitet är förvånad. Han säger till The Guardian att denna nya studie *förändrar bilden fullständigt.*

- *Nu krymper havsisen i båda hemisfärerna och det är en utmaning eftersom det kan innebära ytterligare uppvärmning.*

31. Svenska städer riskerar att läggas under vatten

Vi vet att Kiruna ska flyttas p.gr.a. malmbrytningen, men det finns andra städer som är hotade av översvärmningar. Arvika har drabbats och där bygger man skyddsvallar, men det finns andra städer kring Vänern lever farligt. Vid en framtida klimatförändring riskerar Karlstad, Kristinehamn, Mariestad, Lidköping och Vänersborg att läggas under vatten[160].

Kristianstad är en av de städer som ligger lägst i Sverige. Nu slår klimatexperten och TV-meteorologen Pär Holmberg larm.

- *Delar av staden måste flyttas*, säger han.

Stora delar av staden ligger på gammal sjöbotten och Sveriges lägsta punkt, 2,41 meter under havsnivån, ligger precis utanför staden.

Utmed Göta Älv finns rasrisker, där landmassor kan glida ut i älven. Detta kan ha förödande för Göteborgs dricksvattenförsörjning.

13 platser som riskerar att förstöras av klimatförändringar

Renar i arktiska Ryssland svälter ihjäl. Döda havet krymper. Maffiga glaciärer på gränsen mellan Kanada och USA smälter[161].

Oförutsägbart klimat ger konsekvenser och här är några städer som drabbas extra hårt om utvecklingen fortsätter, enligt CN Traveler.

1. Venedig, Italien
2. Döda havet, Mellanöstern
3. Maldiverna, Indiska oceanen
4. Amazonas regnskog, Sydamerika
5. Glacier Nationalpark, Nordamerika
6. Rhônedalen, Frankrike
7. Alperna, Europa
8. Alaska, USA
9. Det stora barriärrevet, Australien
10. Key West, USA
11. Rio de Janeiro, Brasilien
12. Samojedhalvön, Ryssland
13. Mumbai, Indien

32. Fakta du antagligen inte visste om global uppvärmning

I princip alla forskare är överens om att den globala uppvärmningen beror på människans miljöutsläpp och den förbrukning av alla naturresurser som sker i en skrämmande fart[162].

- Metangasen från kreaturdjuren ett större problem än vad hela oljeindustrin är varför vi måste minska vår köttkonsumtion.
- En sjättedel av alla djur och växter vi känner till idag snart kommer att dö ut på grund av den globala uppvärmningen.
- Hela 37 procent av amerikanarna - inklusive president Donald Trump - tror att global uppvärmning är struntprat.
- På de senaste 50 åren har havsnivån stigit med i snitt 20 cm tack vare all is som smälter.
- Nivån av koldioxid i atmosfären har aldrig någonsin varit så hög som den är idag.
- På vår jord var 2010 det varmaste året vi upplevt under modern tid.
- Åskväder och blixtnedslag kommer att fördubblas till år 2100 om den globala uppvärmningen fortsätter i samma takt som den gör idag

33. Ökenspridning

Vi måste ta ökenspridning på allvar. Detta är ett av många miljöproblem som människan har att brottas med:

- Årligen går 15 miljarder träd och 24 miljarder ton bördiga jordar förlorade.
- En fjärdedel av landytan på jorden och mer än 250 miljoner människor är direkt påverkade, enligt FN.
- Spridningen har klimatmässiga orsaker.
- Långvarig hög temperatur och dåligt och oregelbundet regnande skapar torka och förhindrar växtlighet.
- Starka vindar och skyfall förstör växtligheten.
- Mänskliga aktiviteter ligger bakom, direkt och indirekt.
- Överbrukning suger ut jorden.
- Betande boskap tar bort det skyddande skikt som växtligheten utgör.
- Skogsavverkning avlägsnar träd som binder jorden.
- Ogenomtänkt bevattning torkar ut floder och sjöar.
- Slutligen medför växthuseffekten en allmän uppvärmning av jorden[163,164].

Stoppa ökenspridning och återställ förstörd mark.

Enligt Agenda 2030 Delmål 15.3:

Till 2030 bekämpa ökenspridning, återställa förstörd mark och jord, inklusive mark som drabbats av ökenspridning, torka och översvämningar, samt sträva efter att uppnå en värld utan nettoförstöring av mark[165].

Världens länder har kommit överens om att mängden ”hälsosam och produktivt” mark inte ska minska efter 2030 och de är även överens om hur det ska mätas. Överenskommelsen skedde på ett möte i Ankara som anordnades av FN:s konvention mot ökenspridning (UNCDD).

För att bekämpa ökenspridningen behövs det 2 miljarder dollar årligen och dessa pengar har inte kommit in. En fond för detta ändamål kommer att starta nästa år. Överenskommelsen kommer att presenteras mer i detalj på FN:s klimattoppmöte i Paris, rapporterar UNCDD.

Ökenspridning orsakas av att träd och växter som binder jorden tas bort, djur äter upp gräs och tar bort den översta delen av jordlagret med sina hovar och/eller av intensivt jordbruk som gör slut på näringen i jorden. Sedan för vind och vatten iväg det översta jordlagret och lämnar kvar en blandning av damm och sand. Totalt sett förloras över 12 miljoner hektar årligen på grund av ökenspridning.

Ökenspridning kan motverkas genom trädplantering, att bättra ta tillvara på vattenresurser, avsalta vatten eller vattna saltälskande växter med havsvatten och bygga staket och liknande.

34. Konsekvenser av den globala uppvärmningen

Klimatförändringar

Vi har alla hört om utrotningshotade djur, men matvaror kan vara hotade. Föda vi betraktar som en självklarhet kan hotas, och kan till och med komma att försvinna på grund av klimatförändringarna på vår planet[166].

- **Öl**

  Kornproduktionen är hotad beroende på vårt förändrade klimat. Brist på vatten kommer att bli ett problem i delar av världen. Mellan 2030 och 2050 kommer man ha en sämre tillgång till sötvatten.

- **Fisk och skaldjur**

  Världens hav vara mer eller mindre tom på fisk 2048 på grund av överfiskning, miljögifter.

- **Äpplen**

  Äppelträd behöver vinterkyla, vilket i vissa områden inte kommer att finnas på grund av stigande temperaturer.

- **Kyckling**

  Kycklingarter håller på att dö ut på grund av klimatförändringar och sjukdomar.

- **Vin**
  Det finns en risk att vinproduktionen kan komma att minska i vinregioner som Napa och Sonoma då dessa regioner börjar att bli för varma för vinproduktion.

- **Jordgubbar**
  Detta bär kommer också att påverkas av högre temperaturer och kan leda till att produktionen minskar och att priserna höjs.

- **Apelsiner**
  En otäck sjukdom som heter huanglongbin upptäcktes 2005 och gör att frukten blir sur.

- **Bananer**
  Denna frukt angrips av en sjukdom vilken upptäckts på plantage i södra Asien, Australien, Afrika och Mellanöstern.

- **Tabasco**
  Den heta såsen är gjord uteslutande av Tabascochili, och är tillverkad i Louisiana, i USA. Stigande vattennivåer hotar den lågt liggande staten, vilket hotar odlingar och tillverkning.

- **Potatis**
  Kanske kommer man i framtiden inte njuta av

mos, färskpotatis och pommes, eftersom klimatförändringarna också påverkar dessa odlingar.

- **Majs**
  En höjning som en grad Celsius kan påverka produktionen av majs med 7 procent. Klimatet har redan haft en inverkan på majsodlingar och produktionen har gått ner med 4 procent.

- **Körsbär**
  Alltför varma temperaturer har även påverkat produktionen av körsbär.

- **Persikor**
  Persikor är ännu en stenfrukt som är känsliga för förändrade temperaturer.

- **Honung**
  Bin är livviktiga för att pollinera och inte minst för att göra honung.

- **Tranbär**
  Bin pollinerar och bär som tranbär kommer att bli färre när det finns allt färre bin.

- **Kikärtor**
  Kikärtsodlingar behöver mycket vatten.

- **Choklad**

  Vi har förmodligen bara lite över ett årtionde kvar att njuta av choklad. Kakaoproduktionen kommer att minska dramatiskt från och med 2020 på grund av att temperaturerna inte längre kommer att vara passande i kakaoproducerade regioner.

- **Pumpa**

  Extremt väder påverkar denna skörden av pumpor påtagligt. De ruttnar eller mognar alltför tidigt.

- **Bönor**

  Det ändrade klimatet kan komma att göra att produktionen minskar med så mycket som 25%.

- **Sojabönor**

  Om vi inte sänker växthuseffekten kommer den stigande temperaturen innebära att sojabönor minskar med 40% år 2100.

- **Avokado**

  I USA har denna frukt blivit allt svårare att odla och priserna har gått i taket.

- **Jordnötter**

  Hela skördar av jordnötter har förstörts på grund

av värme och torka.

- **Ris**
  Denna gröda påverkas av klimatförändringarna.

- **Kalkon**
  Klimatet och stormar har påverkat uppfödningen av kalkoner.

- **Spannmål**
  Mer värme och oförutsägbara väderomslag påverkar spannmålsodlingar och kan göra områden obrukbara.

- **Italienskt durumvete**
  Man hade förutspått att man redan 2020 skulle märka en krympande skörd.

- **Bröd**
  Utan vete inget bröd, så du bör nog börja tänka på ett liv utan bröd.

- **Lönnsirap**
  Det finns allt färre träd enligt National Geographic, och också här beror det på att bli allt varmare.

- **Kaffe**

  Denna nattsvarta vision menar vissa forskare komma att inträffa 2080 (vissa menar 2050) när land där man odlat kaffe kommer att vara omöjliga på grund av klimatförändringarna.

35. Klimatflyktingar

Vad är klimatflyktingar?

Klimatdriven migration är ett fenomen som kommer att öka på flera platser i världen[167]

En kvarts miljard människor på flykt på grund av klimatet fram till år 2052. Detta är FNs prognos.

Redan idag har mer än 17 miljoner människor tvingats från sina hem på grund av katastrofer och klimatpåverkan[168].

Vi har idag 60-70 miljoner flyktingar från de olika krigsdrabbade länderna. Av dessa kommer en liten ström av människor till oss i Sverige.

Det finns olika uppfattningar om hur många flyktingar vi ska ta emot i Sverige. Bland de politiska partierna finns allt från inga flyktingar alls till de som önskar sig en generös flyktingpolitik.

Sverigedemokraterna vill att flyktingar ska sändas tillbaka till sina hemländer trots att vi har en kommande arbetskraftsbrist i Sverige – och även i många västerländska länder.

Kan vi avvisa klimatflyktingar som kommer från områden

som ligger under vatten?

Cyklonen Kenneth, som skakade södra Afrika med kolera-utbrott och matbrist som följd, är bara en i raden av extrema väderhändelser som på senare år tvingat människor på flykt.

Bara i Moçambique beräknas 400.000 personer ha tvingats lämna sina hem och FN öppnar för att cyklonen kan vara den dödligaste väderrelaterade katastrofen som drabbat södra halvklotet.

Vi talar här om extrema väderhändelser som cykloner, översvärmningar, orkaner och liknande. Därtill kommer den temperaturstegring, som är en effekt av våra stora utsläpp av växthusgaser.

Enligt FN:s flyktingorgan UNHCR väntas 250 miljoner dvs. fyra gånger så många som dagens flyktingantal.

Världens ledande glaciärforskare har beräknat att 180 miljoner människor kan ha tvingats lämna sina hem år 2100 - bara på grund av höjningen av havsnivån.

- *På många ställen i världen, som i Afghanistan och Somalia, är det både extremt väder samt våld och osäkerhet - en kombination av faktorer - som gör att människor flyr*, säger Shabia Mantoo, global talesperson för UNHCR.

- *Nya Zeeland har till exempel gett tillstånd att stanna för människor från Stillahavsöarna, som är väldigt drabbade. I Argentina gör man något liknande*, säger hon.

36. Klimatskepticism

Wikipedia skriver[169]:

> Klimatskepticism, klimatförnekelse eller klimatförändringsförnekelse är förnekande, avfärdande eller ogrundat tvivel som motsäger vetenskapens konsensus om klimatförändringar, som den exempelvis presenteras i FN-panelen IPCC:s sammanfattande bedömning. Bland de frågor som klimatskeptiker tar upp finns sammanblandning mellan klimat och väder, att solen eller naturliga temperaturcykler skulle vara orsaken till temperaturförändringarna, att modellerna för att räkna fram förändringarna och temperaturmätningarna inte är tillförlitliga, och klimatforskares påståenden om förändringar sker skulle vara falska.
>
> Enligt forskning från Chalmers är de två största grupperna av klimatförnekare de industrier som producerar olja och högerextremister. En annan grupp är libertarianer som propagerar för mindre regeringsmakt, medan egennytta är en viktig egenskap inom de klimatskeptiska rörelserna.

Libertarianism är en politisk ideologi som förespråkar frihet från tvång och strävar efter att minimera staten och dess inflytande över människors liv. Libertarianer vill tillåta maximal självständighet och valfrihet, med betoning på politisk frihet, frivilliga sammanslutningar samt det individuella omdömet.

37. Så kan klimatutsläppen halveras till 2030

Än är det inte för sent! Växthusgaser kan halveras till år 2030. I en ny global rapport där den svenske professorn Johan Rockström deltagit. Man vill försöka öka takten för de förnybara energikällorna[170].

Rapporten visar att sol- och vindkraft ökar exponentiellt med en fördubbling ungefär vart fjärde år, vilket överraskar forskarna. Med den takten så halveras mängden elektricitet från fossila energikällor till 2030, om exempelvis vindkraftverk ersätter kolkraftverken.

- *Vi har faktiskt startat utfasningen av de fossila energikällorna. Vi är i början på slutet av den eran,* säger Johan Rockström.
- *I sektor för sektor finns det lösningar som kan skalas upp och kan ta oss på ett spår som leder mot Parisavtalet. Och målet är ju väldigt högt, det kräver att vi halverar utsläppen av växthusgaser varje årtionde. Vilket innebär att vi måste minska utsläppen med sex till sju procent per år,* säger Johan Rockström.

Samtidigt konstaterar han att ”bakåtsträvarna” inte kommer att vända på agendan, men de kan möjligtvis bromsa den.

Omställningen kommer inte att ske av sig själv utan att den behöver politiska beslut med straffskatter och bidrag.

38. Färdplaner

Färdplaner för fossilfri konkurrenskraft

Inom ramen för Fossilfritt Sverige har 22 olika branscher tagit fram färdplaner för att visa hur de kan stärka sin konkurrenskraft och samtidigt bli fossilfria eller klimatneutrala.

Arbetet med att nå klimatneutralitet utgår från de utsläppsmål, som riksdagen har fastställ. Sverige ska senast år 2045 ska inte ha några nettoutsläpp av växthusgaser till atmosfären, för att därefter uppnå negativa utsläpp.

- De kvarvarande utsläppen från verksamheter inom svenskt territorium ska dock vara minst 85 procent lägre än utsläppen år 1990.
- Enligt Naturvårdsverket har de klimatpåverkande utsläppen i Sverige minskat med 26 procent mellan 1990 och 2016.

Utsläppen i Sverige bör senast år 2030 vara minst 63 procent lägre än utsläppen 1990, och minst 75 procent lägre år 2040.

Utsläppen som omfattas är främst från

- Transporter,
- Arbetsmaskiner,
- Mindre industri- och energianläggningar,

- Bostäder,
- Jordbruk.

Dessa utsläpp ingår inte i EU:s system för handel med utsläppsrätter.

I referensnivån ingår kol lagrat i träprodukter. Sådana åtgärder får användas för att klara högst 8 respektive 2 procentenheter av utsläppsminskningsmålen år 2030 och 2040.

Visionen har förtydligats med fyra mål:

- Ökad produktion baserad på förnybar råvara,
- Ökat förädlingsvärde av biomassa,
- Effektiv resursanvändning
- Ökad kompetens.

39. Klimatet påverkar vår kosthållning

En studie från Oxford visar[171]:

- Att fler människor kommer att dö till följd av klimatförändringarnas effekt på vår kosthållning än av svält.
- Framtidens matkonsumtion förväntas att öka med en stigande befolkningsmängd och en växande ekonomi. Samtidigt stiger temperaturen, vilket kommer mynna ut i en minskad matproduktion av grödor och mindre skördar.
- Konsekvenserna av detta blir stigande matpriser som kommer att leda till fler svältande människor.
- De stigande matpriserna kommer också att ta sig uttryck i priset på frukt och grönsaker vilket kommer att resultera i ett minskat intag av just frukt och grönsaker. Det beräknas att orsaka dubbelt så många dödsfall som svält årligen.
- Man beräknade att ungefär en halv miljon människor kommer att dö av klimatförändringarnas effekt på vår kost år 2050.
- I Kina och Indien beräknas fler dö av en minskad matproduktion.
- I Sverige och andra i-länder beräknas majoriteten klimatrelaterade dödsfall att bero på ett lågt intag av frukt och grönsaker.

40. Fem klimatscenarier för jordens framtid

Vi måste snabbt ställa om till ett mer hållbart levnadssätt annars har vi en medeltemperatur som om 80 år stigit över fyra grader.

Här är FN:s klimatpanel IPCC:s fem scenarier för jordens utveckling, vilka återgetts av Ny Teknik[172].

Första scenariot

Det är det enda scenariot där världen möter Parisavtalets mål att hålla den globala temperaturökningen under 1,5 grader.

- Vi lyckas uppnå I det mest optimistiska scenariot beskrivs en värld där de globala koldioxidutsläppen är på noll netto år 2050.
- Samhällen har ställt om till mer hållbara levnadssätt.
- Man fokuserar inte längre på den ekonomiska tillväxten utan på det övergripande välbefinnandet.
- Extremväder är allt vanligare, men världen har lyckats att undvika de värsta klimatförändringarnas konsekvenser.

Andra scenariot

Här har koldioxidutsläppen minskat mycket men man når

noll netto efter 2050.

- De hållbara socioekonomiska förändringarna är desamma som i det första scenariot.
- Temperaturer kommer att stabilisera sig runt 1,8 grader Celsius vid slutet av seklet.

Tredje scenariot

Koldioxidutsläppen stannar på samma nivå som idag och går inte ned förrän vid mitten av seklet.

- Man närmar sig hållbarhet väldigt långsamt – utvecklingen och inkomstskillnader ökar ojämnt.
- Temperaturen stiger med 2,7 grader Celsius vid sekelskiftet.

Fjärde scenariot

Koldioxidutsläppen år 2100 är dubbelt så stora som dagens. Temperaturer fortsätter att stiga.

- Länderna konkurrerar mer med varandra, satsar på nationell säkerhet och försäkrar sin egen livsmedelsförsörjning.
- Vid sekelskiftet har den globala medeltemperaturen ökat med 3,6 grader Celsius.

Femte scenariot

Detta är ett katastrofscenario.

- Koldioxidutsläppen fördubblas fram till år 2050.

- Den globala världsekonomin växer snabbt men det är fossila bränslen och energikrävande livsstilar som genererar tillväxten.
- Den globala medeltemperaturen stiger med 4,4 grader fram till 2100.

Vad händer?

Klimatrapporten tar inte ställning för vilket scenario som är det mest sannolikt. Många faktorer spelar in, bland annat regeringarnas politik. Rapporten visar hur de val som vi gör idag kommer att påverka framtiden.

- Man räknar med att uppvärmningen kommer att fortsätta några årtionden till.
- Havsnivån kommer att stiga i hundra- eller tusentals år.
- Arktis kommer att vara isfritt minst en sommar de kommande 30 åren.

Men vi kan fortfarande välja hur snabbt havsnivåerna kommer att stiga och hur livsfarligt vädret blir.

41. Några positiva tecken

Här är några av de viktigaste positiva exemplen:

1. **Parisavtalet[173].**

- Det första riktiga klimatavtalet. Inget av de 195 länderna blockerade beslutet på FN:s klimatmöte i Paris.
- Den globala uppvärmningen ska begränsas till *klart under* två grader jämfört med förindustriell tid. Ansträngningar ska göras för att nå 1,5 grader.
- De globala utsläppen ska ha nått sin högsta nivå *så snart som möjligt* för att sedan minska.
- Nettoutsläppen ska vara noll under andra delen av århundradet.
- Ländernas nationella klimatplaner ska uppdateras vart femte år från 2020.
- Globala översyner av det internationella klimatarbetet ska göras var femte år med start 2018.
- Utvecklade länder ska bistå med klimatfinansiering till utvecklingsländer.
- Pengarna ska finansiera utsläppsminskningsåtgärder och anpassning till klimatförändringar.
- Från 2020 ska hundra miljarder dollar årligen överföras från utvecklade länder till utvecklingsländer.

- Efter 2025 ska ett nytt finansieringsmål sättas upp med hundra miljarder dollar som *golv.*
- Parisavtalet ska träda i kraft 2020. Minst 55 länder som står för minst 55 procent av de globala utsläppen ska ratificera det. Till mångas förvåning gick detta fort och avtalet är godkänt av minst 55 länder.

2. Utsläpp planar ut trots tillväxt

- För tredje året i rad ökar inte koldioxidutsläppen i världen, trots en ihållande ekonomisk tillväxt[174].
  - *Det ser ju ut som om utsläppskurvan därmed har brutits,* säger klimatminister Isabella Lövin.
- Att koldioxidutsläppen har stabiliserats är extra betydelsefullt eftersom det har skett under en period av ihållande ekonomisk tillväxt i världen. Just nu är den årliga globala tillväxten 3 procent, enligt internationella valutafonden (IMF).

3. Nya energikällor

86 procent av alla nya energikällor i EU-länder under 2016 utgjordes av förnybart – vatten-, sol- och vindenergi och biomassa[175].

4. **Förnybar energi nu större energikälla än kol**

Även om kol fortfarande genererar mer, så har förnybara energikällor numera högre kapacitet än kolenergin, skriver Financial Times[176].

- Omkring 500 000 solpaneler installerades om dagen under 2016
- I Kina restes två vindkraftverk i timmen enligt Internationella energirådet (IEA).

5. **Professorns *löv*[177]**

Det kallas artificiellt löv och omvandlar energi från solens strålar, suger ut koldioxid ur luften och bildar ett flytande bränsle, som kan ersätta allt som olja och kol gör i dag. Enda restprodukten som finns kvar är syre. Upphovsmannen, Harvardprofessorn Daniel Nocera, tror att tekniken kan erövra världen inom mindre än 10 år. En grupp Harvard-forskare har utvecklat en teknik som kan göra just detta. De kallar den för *artificiellt löv.*

- *Vi kan skapa en framtid helt utan kol, olja eller gas. Enkelt uttryckt lagrar vi solljus på flaska, i form av ett bränsle,* säger Daniel Nocera vid ett Sverigebesök på Kungliga Vetenskapsakademien.

Den enda restprodukten är syre och denna teknik är 10 gånger mer effektiv än naturlig fotosyntes.

- *Vi kan göra vad som helst med det här bränslet. Vi kan skapa en framtid helt utan kol, olja eller gas,* säger han. *Det positiva är att man i princip kan använda vilken vattenkälla som helst: urin, avloppsvatten, vattenpölar, smutsigt hamnvatten,* berättar Daniel Nocera.

6. **Omvandlar koldioxid till sten**[178]
Ett forskningsprojekt på Island har visat lyckade resultat när det gäller att omvandla koldioxid till att bli en del av den fasta berggrunden. I projektet har 230 ton koldioxid pumpats ner i berggrunden och resultatet visar att mer än 95 procent av koldioxiden omvandlats till fasta karbonatmineraler i berggrunden inom två år. Att koldioxiden har omvandlats till mineraler gör att den inte kan läcka ut. Resultatet ses som ett stort framsteg.

7. **Bränsleceller** omvandlar väte och syre till vatten plus energi.

42. Förnyelsebar energi

Förnybara energikällor

Definition[179]:

> Förnybara energikällor är energikällor som kan förnya sig inom en mänsklig livslängd och som därför inte kommer att ta slut inom en överskådlig framtid.

Som förnybara energikällor räknar vi:

- Solenergi
- Vindkraft
- Vattenkraft
- Biobränslen
- Geotermisk energi
- Geoenergi

Förnybara energikällor är fördelaktiga ur miljösynpunkt eftersom de inte använder icke förnybara bränslen, vilket bland annat medför att de på lång sikt ger ett relativt litet bidrag till den förstärkta växthuseffekten.

Det finns också några exempel lovande utvecklingsprojekt, som kan överföras i stor skala och bidra till att minska utsläpp av klimatpåverkande ämnen.

Energitillförsel och energianvändning (2019)[180]

	Energitillförsel	Energianvändning
Biobränsle	145 TWh	89 TWh
Primär värme	4 TWh	
Vattenkraft	65 TWh	
Kol och koks	19 TWh	13 TWh
Narur- och stadsgas	11 TWh	6 TWh
Råolja och petroleumprodukter	114 TWh	83 TWh
Övriga bränsle	14 TWh	6 TWh
Fjärrvärme		49 TWh
Kärnbränsle	181 TWh	
Vindkraft	20 TWh	
Solkraft	20 TWh	
El		123 TWh
	548 TWh	369 TWh

Förnybar energi i världen

Vid slutet av 2019 fanns 2 537 GW förnybar elproduktion installerad globalt. Tillväxten under 2019 var 7,4 %. Förnybar elproduktion svarade för 72 % av utbyggnaden av elproduktionskapacitet under 2019. Förnybar elproduktion ökade netto med 176 GW. 90 % var sol- och vindkraft[181].

	Kapacitet GW	Global andel, %	Förändring 2019, %	Tillväxttakt, %
Asien	1 119	44	95,5	9,3
Europa	573	23	35,3	6,6
Nordamerika	391	15	22,3	6,0
Sydamerika	221	9	8,4	4,0
Eurasien	106	4	3,1	3,0
Afrika	48	2	2,0	4,3
Oceanien	40	2	6,2	18,4
Mellanöstern	23	1	2,5	12,6
Centralamerika och Karibien	16	1	1,0	4,1
	2 537	100	7.4	

Andelen förnybar energi i Sverige ökade från 54,2 procent under 2017 vilket är den högsta andelen hittills.

Andel energi från förnybara energikällor (%)[182]

År	Totalt, %	Transporter, %	Värme kyla industri mm, %	El, %
2005	40	7	50	51
2010	47	10	58	56
2015	53	21	65	66
2020	60	32	66	74

I Sverige är de viktigaste förnybara energikällorna bioenergi, vattenkraft och vindkraft. Vindkraften växer snabbt och står nu för över 17 procent av elproduktionen. Solenergi är också på uppåtgående, om än från låga nivåer.] Sverige har i och med ett mål om 100 procent förnybar elproduktion år 2040.

43. Måste allt gå åt helvete?

Vi kan gärna klaga på tidigare generation för att de inte vidtog några åtgärder för att förhindra dagens situation med klimatförändringar i from av stigande nivåer av växthusgaser och därmed stigande global medeltemperatur.

Men de hade inte den kunskapen.

Kommer våra barn och barnbarn att ställa frågan till oss varför vi inte vidtog nödvändiga åtgärder för att förhindra den stigande globala medeltemperaturen under 2020-, 2030-, 2040-talen.

Vi hade och har den nödvändiga kunskapen. Vad ska vi svara? Det är tyvärr för sent för våra barn och barnbarn att ta igen de underlåtelsesynder vi gjort oss skyldig till.

Vad händer? Är allt kolsvart? Författaren, biologen, debattören Stefan Edman vill mana till eftertanke. En pessimism kan vara självgenererande och får oss att omotiverat ge upp.

Edman pekar på en lång rad händelser, tendenser och beslut, som ger hopp. Med dagens växthusgasutsläppsnivå, cirka 40 miljarder ton/år, har vi bara tio, tolv år på oss för att med 60–70 procent chans kunna nå Parisavtalets 1,5-gradersmål.

I Edmans bok *Bråttom men inte kört* ges svar på en lång rad frågor, men den viktigaste frågan är

- *Vad kan jag göra?*

Den kan bara du svara på. Svaren blir olika eftersom vi är i olika livssituationer, men alla kan göra något.

Edman har valt ut några positiva tendenser, som ger oss hopp. Här är exempel, som visar att allt inte behöver gå åt helvete[183]:

1. **Pandemin visar vad världen kan.**
   Nya lagar, nya strukturer, ofattbart stora pengar har snabbt kommit på plats i förändringar som normalt kräver år av utredning, remisser, planering, analyser osv.

   Vi reser och shoppar mindre, sammanträder och bedriver distansundervisning på nätet.

   Mitt i tragedin blir pandemin en förövning inför den nödvändiga klimatomställningen. Det finns pessimister, som anser att Coronapandemin bara är en stilla susning mot vad som väntar oss framöver med nya pandemier och förändringar i klimat med stigande temperaturer, fler klimatflyktingar, sämre tillgång till mat, en ökande nationell egoism när tillgången på resurser av olika livsnödvändigheter reserveras för det egna folket.

Denna typ av **nationell egoism** ska EU-samarbetet motverka. I tider av kris och undantag måste EU kunna säkra att livsnödvändig handel kan fortgå[184].

Klimatåtgärder behöver inte vara dyra. De kan vara lönsamma, både på kort sikt och i ett överlevnadsperspektiv. Forskare har visat_att världen kan uppnå Parisavtalets 1,5-gradersmål, om lite drygt tusen miljarder dollar årligen i fem år investeras för att komma bort från fossilenergin. Svindlande mycket pengar, men alternativen är mångfalt dyrare. Men världens länder har satsat 12,2 tusen miljarder dollar för att bekämpa Coronapandemin....[185].

2. **Stora länder förstärker sina klimatlöften**

EU, Japan, Sydkorea och Indien har nyligen lovat att bli klimatneutrala till år 2050 och Kina har samma mål men har satt 2060 för sin del. Samma mål gäller snart för USA, som återinträdde i Parisavtalet efter skiftet på presidentposten.

Dessa 32 länderna svarar tillsammans för två tredje delar av de globala utsläppen. Deras löften och dess infriade är avgörande för om Parisavtalets mål ska kunna nås.

3. President Joe Bidens klimatprogram

President Joe Bidens klimatprogram, värt 2.000 miljarder dollar, presenterades i samband med hans installation[186].

Biden utökar USA:s internationella engagemang på olika områden.

- **Grön energi**

  Investerar i 500 miljoner nya solpaneler, samt 60.000 nya vindkraftverk. Planen ska göra USA klimatneutralt till 2050 och energisektorn fri från utsläpp redan 2035. Idag står fossil energi för hela 63 procent av amerikansk energiproduktion.

- **Tillverkning och laddning av elfordon**

  Investerar i en halv miljon nya laddstationer för elbilar.

- **Fastigheter**

  Energieffektivisera fyra miljoner bostäder så att de får bästa energiklass. Alla federala byggnader och andra installationer ska vara ledande i omställningen.

- **Koldioxidlagring**

  Fördubbla de federala investeringarna i CCSteknik (carbon capture and storage). Målet är att det ska bli en allmänt tillgänglig, kostnadseffektiv och snabb skalbar lösning.

- **Den andra järnvägsrevolutionen**
  Bygga ut och förbättra järnvägsnätet med fokus på både gods och passagerare. Bl.a. vill man att tiden mellan New York och Washington DC halveras, snabbtåg ska förbinda kusterna och California High Speed Rail-projektet förverkligas.

- **Clean energy**
  2035 ska USA:s elmix till 100 procent bestå av *clean energy* jämfört med dagens 38 procent.

4. **EU har beslutat**
   - Att utsläppen ska minska med 55 procent till 2030,
   - Att skärpa utsläppshandeln,
   - Att lägga strängare krav på bilindustrin.
   - Att utreda koldioxidtullar på varor från länder som har små eller inga klimatkrav, exempelvis Kina.

5. **Fossilenergin – alltmer olönsam**
   - I EU har hälften av kolet hittills ersatts med sol

och vind, hälften med naturgas.

- I USA har hälften av alla kolgruvor stängts sedan 2010 och 500 kolkraftverk sedan 2015.
- Storbritannien och Tyskland har radikalt minskat sin kolanvändning,
- Spanjorerna fasar ut sin kolanvändning 2025.
- Svenska Preem satsar nu stort på förnyelsebara biodrivmedel,
- Finska Neste stänger oljeraffinaderiet utanför Åbo och investerar i gröna bränslena i sin anläggning i Borgå.

6. **Ny teknik – motorn i förändringen**
   - Priset på el från sol och vind är lägre än från kol och ny kärnkraft.
   - Solpaneler har blivit 70–80 procent billigare de senaste fem åren;
   - Kina och USA leder ligan men även Tyskland är i fronten med tolv procent solel. Första halvåret 2019 installerade Kina åtta gånger mer vind- och solkraft än kolkraft. Tyskland fördubblade andelen förnybar energi 2011–2019.

7. **Elbilsrevolutionen har rivstartat.**

2023 står batterifabriken Northvolt klar i Skellefteå helt baserad på icke-fossil vatten- och vindkraft. Ytterligare fyra megafabriker byggs i Europa under åren framöver.

Men smarta system för återanvändning och nyproduktion av batterimineraler är ett måste. Vi måste öka svensk utvinning av mineralerna till elbilar, vindkraftverk och mobiltelefoner, i stället för som nu köpa dem från gruvor med barnarbete och usel miljö i Kongo Kinshasa.

Drygt 70 procent av världens klimatutsläpp kan kopplas till 100 stora företag, enligt Stockholm Resilience Center vid Stockholms universitet (2019).

8. **Många små och stora företag är på grön offensiv**.
   - Microsoft ska 2025 drivas på förnybar energi,
   - Fem år senare ska IT-jätten vara koldioxidnegativ.
   - 2050 ska man ha reducerat så mycket koldioxid att det kompenserar för företagets alla utsläpp sedan det grundades av Bill Gates 1975! Det är en viktig signal eftersom det globala internetsystemet i dag har större klimatutsläpp än flyget!
   - AstraZeneca eliminerar alla utsläpp till 2030 och ska sedan göra hela sin värdekedja koldioxidnegativ.

9. **Finansmarknaden börjar vakna**

   Investeringar i fossilbranschen är en ekonomisk förlustaffär, medan grön energi gett störst avkastning av alla sektorer på börsen.

   Världens största fossilbank, JP Morgan Chase – som årligen stöttat fossilbolag med över 650 miljarder kronor – beslöt nyligen att ställa om sin finansiella verksamhet i linje med Parisavtalet. Det innebär att bolagen de investerar i och finansierar ska ha totalt sett netto noll-utsläpp 2050. Även Swedbank hör till dem som ställer om hela sin investeringsportfölj med samma mål, netto noll 2040.

10. **Sju procent mer skog i världen i dag än 1985**

    Skog tar upp koldioxid i barr och löv. Dels förbrukas koldioxid genom trädens fotosyntes. Men betydande mängder kol lagras under kortare eller längre tid i stam, rötter och mark.

    Blir träden hus, möbler mm stannar kolet i träet. När skogsrester och biprodukter från massa- och pappersindustrin processas till bil- och fastbränslen minskar användningen av fossil olja. Samtidigt kan och måste skogarnas biologiska mångfald skyddas.

Oddsen för mänskligheten[187]

En internationell grupp forskare vid bl.a. Chalmers och Göteborgs universitet ska undersöka vilka hot vi står inför samt hur vi ska överleva dem.

Spänningen mellan Nordkorea och USA, som båda har kärnvapen och ett kärnvapenkrig är ett hot, som kanske inte är så långt ifrån en realitet som man gärna vill tro.

Det finns hot mot mänskligheten som på sikt utgör ett lika stort hot mot vår arts överlevnad som kärnvapen gör.

De främsta hoten mot mänskligheten just nu:

- **Kärnvapen**
  Hotet för ett nytt kärnvapenkrig finns hela tiden, men har minskat efter USA röstat fram en ny president.

- **Bioteknologisk krigsföring**
  Ett tiotal år framåt i tiden överskuggas vi av artificiella virus och bakterier. Kärnvapen är ett tiotal staters exklusiva egendom, men kunskapsspridningen är mycket större med biologiska vapen. Om de hamnar hos en terroristgrupp är vi i en farlig situation.

- **Artificiell intelligens**
  Risken finns med intelligenta robotar som bygger ännu mer intelligenta robotar. När människan inte

längre är den mest intelligenta varelsen på jorden, kommer vi då att kunna behålla kontrollen?

- **Globala systemhot**
  Många av hoten är långsamma, vilket innebär att det finns en risk att vi skjuter upp dem till kommande generationer. Vi vet till exempel ganska väl vad vi kan göra om vi hotas av en asteroid eller en supervulkan, men dessa hot är egentligen ganska osannolika. Vi har inte ett bra skydd vilket utbrottet mot exempelvis pandemier, vilket Coronautbrottet visade.

- **Svarta hål**
  Forskarna vid partikelacceleratorn i Schweiz kan eventuellt producera svarta hål, som till slut skulle leda till att hela jorden kollapsar. Man konstaterade också att jorden har träffats av mer kosmiska stålar än vad partikelacceleratorn skulle kunna uppbåda.

- **Mänskligt skapade hot**
  Att de allra mest akuta hoten mot mänskligheten är skapade av oss själva. Vi måste ifrågasätta syftet att rädda en sådan självmordsbenägen art.

De genomsnittliga livsstilsförändringar som forskarna har räknat med för att utsläppen ska bli max

2 ton är bland annat:

- Halverad konsumtion av nöt- och griskött
- Flygresande som på 2000 års nivå
- Ökad tjänstekonsumtion med 200 procent (på bekostnad av varukonsumtion)

Så här borde det vara:

- Vi utnyttjar bara de resurser som kan användas för det egna landets befolkning.
- Vi tvingar inte andra människor i världen att nöja sig med mindre.
- Vi förstör inte miljön.
- Vi tar inte i anspråk resurser för kommande generationer.

... men det är tyvärr inte så!

44. Jorden 2050: Mänskliga civilisationens undergång

Civilisationen som vi byggt upp under 2000 år kan gå under i kaos – år 2050[188].

En ny rapport visar vad som riskerar att hända om vi inte inom en snar framtid ställer om industrin till nollutsläpp.

Pensionerade generalen och tidigare överbefälhavaren för Australiens försvarsmakt, Chris Barrie säger:

- *Efter kärnvapenkrig är global uppvärmning orsakad av människan det största hotet mot mänskligt liv på planeten*, skriver Chris Barrie och fortsätter:
- *Dagens 7,5 miljarder människor är redan den mest rovdjursmässiga art som någonsin existerat, ändå har befolkningskurvan ännu inte toppat och kan nå 10 miljarder.*

Forskningsunderlagen kring klimatförändringarna, som i Parisavtalet och FN:s IPCC-rapporter är ofta mycket försiktiga i sina uppskattningar kring den globala uppvärmningen och stigande havsnivåer. Man tar inte hänsyn till accelerationen i mänskliga utsläpp, luftföroreningar och förändrade havsströmmar.

Politiska beslutsfattare har inte ställt om ekonomin till nollutsläpp och inte genomfört koldioxidutjämningar. Dessa åtgärder krävs enligt rapportförfattarna för att hålla uppvärmningen nere på 2 grader, en uppvärmning som också kan få katastrofala följder i olika delar av världen.

2030 har koldioxidnivåerna ökat till 437 partiklar per miljon – vilket saknar motsvarighet under de senaste 20 miljoner åren – och den globala uppvärmningen har ökat med 1,6 grader.

Klimatforskarna, Yangyang Xu och professor Veerabhadran Ramanathan vid University of California, har räknat fram att den globala uppvärmningen fram till 2050 kan landa på mellan 3,5 och 4 grader.

- Tröskeln för att rädda Antarktis västra istäcke, och att undvika isfria somrar på Arktis, passerades med råge redan vid 1,5 graders uppvärmning.
- Gränsen för att behålla istäcket på Grönland passerades med råge vid 2 graders uppvärmning.
- Gränsen för utbredd permafrost och för att rädda Amazonas regnskog från uttorkning är vid 2,5 graders uppvärmning.
- Havsnivåerna har ökat med 0,5 meter och väntas stiga med mellan 2 och 3 meter fram till 2100.
- Till slut så kommer havsnivåerna ha stigit med mer än 25 meter, baserat på historiskt faktaunderlag.

- 25 procent av den globala landytan, och 55 procent av jordens befolkning, utsätts under mer än 20 dagar om året för dödlig hetta, bortom tröskeln för mänsklig överlevnadsförmåga.

45. Vart är vi på väg?

Det är märkligt trots att det finns övertygande bevisning på att vi är på väg med full fart mot en global katastrof så låter vi detta ske. Vi kan inte förneka att vi redan idag vet vad som väntar våra barn och barnbarn.

Ändå vill inte våra politiker och företagschefer erkänna detta. Under en mandatperiod på fyra år samlar våra politiker erkännande, som kan ge dem en ny mandatperiod.

Våra politiska partier borde ha en programpunkt överordnat allt annat. Den kommande katastrofen kan utplåna allt liv på jorden. Då blir alla partiprogram meningslösa.

Utsläpp planar ut trots tillväxt

- För tredje året i rad ökar inte koldioxidutsläppen i världen, trots en ihållande ekonomisk tillväxt[189].

- *Det ser ju ut som om utsläppskurvan därmed har brutits*, säger klimatminister Isabella Lövin.
- Att koldioxidutsläppen har stabiliserats är extra betydelsefullt eftersom det har skett under en period av ihållande ekonomisk tillväxt i världen. Just nu är den årliga globala tillväxten 3 procent, enligt internationella valutafonden (IMF).

Nya energikällor

86 procent av alla nya energikällor i EU-länder under 2016 utgjordes av förnybart – vatten-, sol- och vindenergi och biomassa[190].

Förnybar energi nu större energikälla än kol

Även om kol fortfarande genererar mer, så har förnybara energikällor numera högre kapacitet än kolenergin, skriver Financial Times[191].

- Omkring 500 000 solpaneler installerades om dagen under 2016.
- I Kina restes två vindkraftverk i timmen enligt Internationella energirådet (IEA).
- Det finns också några exempel lovande utvecklingsprojekt, som kan överföras i stor skala och bidra till att minska utsläpp av klimatpåverkande ämnen.

Professorns *löv*[192]

Det kallas artificiellt löv och omvandlar energi från solens strålar, suger ut koldioxid ur luften och bildar ett flytande bränsle, som kan ersätta allt som olja och kol gör i dag. Enda restprodukten som finns kvar är syre. Upphovs-mannen, Harvardprofessorn Daniel Nocera, tror att tekniken kan erövra världen inom mindre än 10 år. En grupp Harvard-forskare har utvecklat en teknik som kan göra just detta. De kallar den för *artificiellt löv.*

- *Vi kan skapa en framtid helt utan kol, olja eller gas. Enkelt uttryckt lagrar vi solljus på flaska, i form av ett bränsle,* säger Daniel Nocera vid ett Sverigebesök på Kungliga Vetenskapsakademien.

Den enda restprodukten är syre och denna teknik är 10 gånger mer effektiv än naturlig fotosyntes.

- *Vi kan göra vad som helst med det här bränslet. Vi kan skapa en framtid helt utan kol, olja eller gas,* säger han. *Det positiva är att man i princip kan använda vilken vattenkälla som helst: urin, avloppsvatten, vattenpölar, smutsigt hamnvatten,* berättar Daniel Nocera.

Omvandlar koldioxid till sten[193]

Ett forskningsprojekt på Island har visat lyckade resultat när det gäller att omvandla koldioxid till att bli en del av den fasta berggrunden. I projektet har 230 ton koldioxid pumpats ner i berggrunden och resultatet visar att mer än 95 procent av koldioxiden omvandlats till fasta karbonatmineraler i berggrunden inom två år. Att koldioxiden har omvandlats till mineraler gör att den inte kan läcka ut. Resultatet ses som ett stort framsteg.

Bränsleceller

Bränsleceller omvandlar väte och syre till vatten plus energi.

46. Länkar

[1] Snabb avsmältning: Nog smältvatten för att täcka Götaland och Svealand (msn.com)

[2] http://failover.expressen.se/nyheter/naturkatastrofernas-pris-57-biljoner-kronor/index.html

[3] http://www.alltomvetenskap.se/nyheter/stoppa-okenspridningen

[4] https://demokraatti.fi/stora-mangder-bordiga-jordar-gar-forlorade-varje-ar/

[5] https://www.irena.org/-/media/Files/IRENA/Agency/Publication/2020/Mar/IRENA_RE_Capacity_Highlights_2020.pdf?la=en&hash=B6BDF8C3306D271327729B9F9C9AF5F1274FE30B

[6] https://illvet.se/teknik/energi/har-ar-framtidens-energi

[7] http://www.framtidsstigen.se/avyttring/atervinna/

[8] https://www.sopor.nu/fakta-om-sopor/statistik/

[9] https://www.gp.se/nyheter/v%C3%A4rlden/fyra-dystra-rekord-f%C3%B6r-klimatet-inte-en-sekund-att-f%C3%B6rlora-1.72990722

[10] https://miljo-utveckling.se/klimat-i-toppen-har-ar-de-storsta-globala-hoten/

[11] https://www.msb.se/sv/amnesomraden/skydd-mot-olyckor-och-farliga-amnen/naturolyckor-och-klimat/varmebolja/

[12] https://www.svt.se/nyheter/utrikes/extrema-varmeboljor-kan-drabba-over-en-halv-miljard-manniskor

[13] https://www.politico.eu/article/europe-heat-wave-spain-portugal-france-uk-belgium-germany-temperatures/

[14] https://www.vof.se/skepdic/klimatfornekare/

[15] https://en.wikipedia.org/wiki/Cherry_picking

[16] https://supermiljobloggen.se/dumheter/l-m-kd-pa-energi-turne-med-klimatskeptiskt-sd/

[17] https://supermiljobloggen.se/dumheter/l-m-kd-pa-energi-turne-med-klimatskeptiskt-sd/
[18] Fem länder har störst chans att överleva om vår planet kollapsar | Marcus Oscarsson
[19] Unicef: Alla barn kommer uppleva klimatrisker (msn.com)
[20] vad-hander-vid-olika-grader-220531-scaled.jpg (1811×2560) (triggerfish.cloud)
[21] http://www.svd.se/fn-varnar-for-mansklig-tragedi-klimatloften-racker-inte
[22] https://kundservice.svd.se/Vara-produkter/SvD-som-PDF/
[23] https://ecotree.green/sv/blog/vad-aer-vaexthusgaser-och-hur-paaverkar-utslaeppen-klimatet#:~:text=%20Vilka%20v%C3%A4xthusgaser%20finns%20det%3F%20%201%20Vatten%C3%A5nga,lustgas%2C%20%C3%A4r%20en%20v%C3%A4xthusgas%20som%20har...%20More%20
[24] https://www.svt.se/nyheter/vetenskap/ozonlagret-ar-hotat-pa-nytt-okning-av-freoner-oroar-forskare
[25] https://sv.wikipedia.org/wiki/V%C3%A4xthusgas
[26] http://www.ekonomifakta.se/Fakta/Miljo/Utslapp-internationellt/Koldioxid-per-capita/
[27] http://www.naturvardsverket.se/Sa-mar-miljon/Klimat-och-luft/Klimat/Darfor-blir-det-varmare/
[28] https://www.ekonomifakta.se/Fakta/Miljo/Utslapp-internationellt/Koldioxid-per-capita/?graph=/25471/1/all/
[29] https://www.ekonomifakta.se/Fakta/Miljo/Utslapp-internationellt/Koldioxid-per-capita/
[30] http://www.naturvardsverket.se/Sa-mar-miljon/Klimat-och-luft/Klimat/Darfor-blir-det-varmare/
[31] http://www.aftonbladet.se/nyheter/a/Qze4Q/supervulkanen-kan-snart-fa-utbrott
[32] https://kommunrankning.klimatsekretariatet.se/

[33] https://www.svt.se/nyheter/inrikes/klimatforhandlaren-vi-kommer-na-nollutslapp?utm_medium=email&utm_campaign=Klimatbrevet%20v%2023&utm_content=Klimatbrevet%20v%2023+CID_8896eef101d3765f34941d05d14b9ddc&utm_source=campaign%20monitor&utm_term=Alok%20Sharma%20Klimatfrhandlingar%20r%20det%20som%20kan%20rdda%20jorden
[34] https://www.lrf.se/mitt-lrf/nyheter/riks/2021/06/smhi-om-extremvader-i-sverige-det-blir-varmare-och-mer-nederbord/
[35] https://unric.org/sv/arets-juli-en-av-de-varmaste-nagonsin/
[36] https://www.transportstyrelsen.se/globalassets/global/press/pm-vagtrafikens-utslapp-160223.pdf
[37] https://www.transportstyrelsen.se/sv/vagtrafik/statistik/Statistik-over-koldioxidutslapp/statistik-over-koldioxidutslapp-2021/
[38] http://supermiljobloggen.se/nyheter/2017/03/sverige-far-svag-titel-som-klimatbast-i-eu-manga-lander-ser-ut-att-missa-parisavtalets-mal
[39] http://www.dn.se/debatt/svenska-stader-riskerar-att-laggas-under-vatten/
[40] http://www.10fakta.se/global-uppvarmning/
[41] http://illvet.se/naturen/klimatforandringar/tio-overraskande-konsekvenser-av-den-globala-uppvarmningen?SNSubscribed=true&utm_campaign=20170430&utm_content=3&utm_medium=email&utm_source=ILL&email=!!hashedEmail!!
[42] http://illvet.se/naturen/klimatforandringar/3-ovantade-konsekvenser-av-den-global-uppvarmningen#cxrecs_s
[43] http://www.dn.se/debatt/bara-tre-procent-av-kommunerna-har-tillrackligt-skydd-mot-oversvamningar/
[44] http://www.svd.se/sahlgrenska-riskerar-slas-ut--pa-nagra-timmar

[45] http://www.alltomvetenskap.se/nyheter/vad-vet-vi-om-framtidens-klimat

[46] http://www.msn.com/sv-se/nyheter/vetenskap/s%c3%a5-h%c3%a4r-kommer-jorden-se-ut-om-100-%c3%a5r-om-vi-har-tur/ss-AAnIr1p?ocid=UE07DHP#image=19

[47] http://www.aftonbladet.se/senastenytt/ttnyheter/inrikes/article24200116.ab

[48] https://www.svt.se/nyheter/utrikes/extrema-varmeboljor-kan-drabba-over-en-halv-miljard-manniskor

[49] Extrema värmeböljor kan drabba över en halv miljard människor | SVT Nyheter

[50] https://nyheter24.se/nyheter/forskning/846844-forskare-sa-stor-ar-risken-att-jorden-gar-under-redan-om-nagra-veckor

[51] https://www.nyteknik.se/popularteknik/darfor-tror-du-att-varlden-haller-pa-att-ga-under-trots-att-vetenskap-havdar-annat-6870864

[52] https://www.expressen.se/nyheter/klimat/300-miljoner-manniskor-hotas-av-de-stigande-haven/

[53] https://nyheter24.se/nyheter/forskning/826882-experter-jordens-undergang-ar-narmare-an-vad-du-tror

[54] https://www.wwf.se/klimat/konsekvenser/

[55] https://www.bing.com/search?q=V%C3%A4xthusgaser+%E2%80%93+Jordens+v%C3%A4nner+(jordensvanner.se)&cvid=15ba1c5fb86b408a8e835d3d36d08183&aqs=edge..69i57.2124j0j4&FORM=ANAB01&PC=U531

[56] https://illvet.se/naturen/klimatforandringar/klimatforandringar-forvandlar-storstader-till-livsfarliga-ugnar

[57] https://www.bing.com/search?q=Enkät%3A+Ministrar%2C+militärer+och+forskare+om+största+ho-

tet+mot+Sverige+(expres-
sen.se)&cvid=0494731e15d046b5a7e2fe4bce84d1f9&aqs=edg
e..69i57j69i59i450l8...8.19175j0j9&FORM=ANCMS9&PC=U531

[58] https://www.wwf.se/klimat/klimatforandringar-i-sverige/

[59] https://www.wwf.se/klimat/klimatforandringar-i-sverige/

[60] https://www.wwf.se/klimat/klimatforandringar-i-sverige/

[61] https://illvet.se/naturen/klimatforandringar/klimatforand-
ringar-forvandlar-storstader-till-livsfarliga-ugnar

[62] https://sv.wikipe-
dia.org/wiki/Gr%C3%B6nland#:~:text=Gr%C3%B6nland%20har
%20arktiskt%20klimat%20med%20undan-
tag%20av%20n%C3%A5gra,p%C3%A5%20%E2%80%9370%20%
C2%B0C%20och%20n%C3%A5r%20p%C3%A5%20somma-
ren%20nollgradigt.

[63] https://www.bing.com/search?q=Så+kan+vi+minska+utsläp-
pen+-+Växthuseffekten.se+(xn--vxthuseffekten-
5hb.se)&cvid=643672dd18a04181b469f010f1d68704&aqs=edg
e..69i57.2160j0j4&FORM=ANAB01&PC=U531

[64] https://www.oxfam.se/klimatojamlikhet-0?gclid=EAIaIQob-
ChMI5o7ri4_s7wIVxUmRBR1l1A6tEAAYASAAEgJU9vD_BwE

[65] https://illvet.se/naturen/is/domedagsglaciaren-rutschbana-
av-is-riskerar-att-dranka-antarktis

[66] https://docs.wixsta-
tic.com/ugd/148cb0_a1406e0143ac4c469196d3003bc1e687.p
df

[67] https://illvet.se/naturen/klimatforandringar/kan-klimat-
forandringarna-utplana-oss-man-
niskor?c_rid=63zc0zsi019o3WDYaDg-
962096389%7C115248568&utm_medium=email&utm_cam-
paign=rm_ill_se_son_uge_32_2022-

%281209304%29&utm_content=&utm_source=ill-vet.se&email=AE53957F6A6598FC6F788BFC800981DCD9823FAC956D567AFBCB2B3112FC02F5&utm_term=klimatf%C3%B6r%C3%A4ndringar

[68] https://www.svt.se/nyheter/inrikes/klimatforandringarna-kan-oka-risken-for-extremvader

[69] https://en.wikipedia.org/wiki/Extreme_event_attribution

[70] https://www.worldanimalprotection.se/nyheter/klimatforandringar-det-tysta-hotet-som-kan-fa-50-av-varldens-arter-att-forsvinna-till-ar?utm_source=bing&utm_medium=cpc&utm_campaign=DSA&utm_term=worldanimalprotection&utm_content=All%20webpages

[71] https://www.worldanimalprotection.se/nyheter/klimatforandringar-det-tysta-hotet-som-kan-fa-50-av-varldens-arter-att-forsvinna-till-ar

[72] https://www.smhi.se/kunskapsbanken/klimat/klimatpaverkan/klimatforandringar-orsakade-av-manniskan-1.3833#:~:text=Klimatf%C3%B6r%C3%A4ndringar%20orsakade%20av%20m%C3%A4nniskan%201%20M%C3%A4nskliga%20utsl%C3%A4pp.%20P%C3%A5verkan,3%20Aerosoler.%20...%204%20F%C3%B6r%C3%A4ndringar%20av%20jordytan.%20

[73] https://www.svt.se/nyheter/utrikes/extrema-varmeboljor-kan-drabba-over-en-halv-miljard-manniskor

[74] https://www.sverigesvattenmiljo.se/content/forsurning-2021

[75] https://www.wwf.se/klimat/mansklig-paverkan/

[76] https://supermiljobloggen.se/nyheter/har-ar-sveriges-10-storsta-koldioxidutslappare/

[77] https://www.hybritdevelopment.se/en-fossilfri-framtid/

[78] https://www.borealisgroup.com/news/avfall-kan-ers%C3%A4tta-fossil-r%C3%A5vara-i-

plast#:~:text=Chalmers%20och%20Borealis%20samarbetar%20f%C3%B6r%20att%20utveckla%20tekniker,eller%20hamnar%20p%C3%A5%20soptippar.%20Foto%3A%20Johan%20Bodevi%2C%20Chalmers

[79] https://antro.uu.se/forskning/Forskningsprojekt/ojnareskogen/#:~:text=I%20fokus%20finns%20en%20konflikt%20mellan%20industriell%20kakbrytning,konflikt%20mellan%20kalkbrytning%20och%20naturskydd%20utspelades%20under%201970-talet.

[80] https://www.wwf.se/klimat/konsekvenser/

[81] https://supermiljobloggen.se/nyheter/regnskogar-en-livsviktig-resurs/

[82] https://www.svt.se/nyheter/utrikes/forskare-larmar-amazonas-lacker-mer-koldioxid-an-det-binder

[83] https://www.smhi.se/kunskapsbanken/klimat/klimatpaverkan/naturliga-faktorer-som-paverkar-klimatet-1.3831

[84] https://sv.wikipedia.org/wiki/Vulkan

[85] https://sv.wikipedia.org/wiki/Jordb%C3%A4vning

[86] https://illvet.se/naturen/vaxter/vad-ar-fotosyntes

[87]http://www.smhi.se/polopoly_fs/1.85313!/Menu/general/extGroup/attachmentColHold/mainCol1/file/klimatologi_10.pdf

[88] https://www.klimatordlista.se/vaxthuseffekten/

[89] https://sv.wikipedia.org/wiki/Montrealprotokollet

[90] https://www.klimatordlista.se/vaxthuseffekten/

[91] https://www.slu.se/centrumbildningar-och-projekt/epok-centrum-for-ekologisk-produktion-och-konsumtion/vad-sager-forskningen/klimat/vaxthusgaserna---koldioxid-metan-och-lustgas/

[92] https://www.dagensps.se/teknik/jorden-obeboelig-for-3-miljarder-manniskor-2070/

[93] https://sv.wordssidekick.com/5-places-already-feeling-effects-of-climate-change-18600

[94] https://www.naturskyddsforeningen.se/artiklar/den-globala-uppvarmningens-konsekvenser/
[95] https://wwwwwfse.cdn.triggerfish.cloud/uploads/2022/06/vad-hander-vid-olika-grader-220531-scaled.jpg
[96] https://www.svt.se/nyheter/inrikes/fn-rapport-uppvarmningens-foljder-redan-har
[97] https://sv.wikipedia.org/wiki/Den_ekologiska_skuldens_dag
[98] https://sv.wikipedia.org/wiki/Ekologiskt_fotavtryck#:~:text=Det%20ekologiska%20fotavtrycket%20%C3%A4r%20ett%20m%C3%A5tt%20p%C3%A5%20m%C3%A4ngden,att%20producera%20och%20assimilera%20%28ta%20hand%20om%29%20avfallet.
[99] https://www.globalis.se/Statistik/ekologiskt-fotavtryck
[100] https://sv.wikipedia.org/wiki/Den_ekologiska_skuldens_dag
[101] https://www.ekologiskhandel.se/fakta-om-bomull-och-bomullsodling/
[102] https://www.worldanimalprotection.se/om-world-animal-protection-sverige
[103] https://www.worldanimalprotection.se/om-world-animal-protection-sverige
[104] https://www.expressen.se/nyheter/klimat/prognosen-sa-varmt-ar-stockholm-ar-2050/
[105] https://www.wwf.se/klimat/konsekvenser/
[106] https://www.klimatanpassning.se/hur-samhallet-paverkas/vard-och-halsa/halsoeffekter-1.35013#:~:text=%C3%96verd%C3%B6dligheten%20%C3%A4r%20vanligare%20i%20st%C3%B6rre%20st%C3%A4der%2C%20d%C3%A4r%20det,f%C3%B6r%20h%C3%A4lsan.%20Effekterna%20av%20dessa%20f%C3%B6rst%C3%A4rks%20under%20v%C3%A4rmeb%C3%B6ljor.
[107] Tungt besked i FN:s nya klimatrapport: Uppvärmningen ”oundviklig” (expressen.se)

[108] https://www.svt.se/nyheter/utrikes/extrema-varmeboljor-kan-drabba-over-en-halv-miljard-manniskor
[109] https://www.svt.se/nyheter/utrikes/extrema-varmeboljor-kan-drabba-over-en-halv-miljard-manniskor
[110] https://www.klimatanpassning.se/hur-klimatet-forandras/klimateffekter/oversvamning-1.21324
[111] https://www.aftonkuriren.se/?p=114354
[112] https://sverigesmiljomal.se/etappmalen/utslapp-av-vaxthusgaser-till-ar-2030/
[113] https://www.regeringen.se/artiklar/2017/06/det-klimatpolitiska-ramverket/
[114] https://www.klimatpolitiskaradet.se/
[115] https://www.regeringen.se/rattsliga-dokument/statens-offentliga-utredningar/2022/04/sou-202215/
[116] https://www.naturvardsverket.se/data-och-statistik/klimat/vaxthusgaser-territoriella-utslapp-och-upptag/
[117] https://unicef.se/fakta/klimatforandringar
[118] https://www.wwf.se/mat-och-jordbruk/kottguiden/om-kottguiden/
[119] https://www.wwf.se/mat-och-jordbruk/kottguiden/om-kottguiden/
[120] https://www.lansstyrelsen.se/skane/besoksmal/kulturmiljoprogram/skanes-historia-och-utveckling/jordbrukets-landskap/det-moderna-jordbruket.html
[121] http://www.vf.se/uncategorized/ar-pruttande-kor-verkligen-sana-miljobovar/
[122]http://old.theclimatescam.se/2008/03/13/rapande-kor-gor-jorden-varmare/
[123] http://www.va.se/nyheter/2016/12/19/maten-star-for-en-fjardedel-av-var-klimatpaverkan/
[124] https://www.arla.se/om-arla/vart-ansvar/mjolk-miljo/
[125] https://www.aftonbladet.se/nyheter/a/P3g5EX/kossans-utslapp-lika-med-bilens

[126] https://www.aktuellhallbarhet.se/sa-mycket-utslapp-ger-en-rapande-ko/
[127] https://www.naturskyddsforeningen.se/skola/energifallet/faktablad-konsumtionsbaserade-klimatutslapp
[128] https://www.naturvardsverket.se/data-och-statistik/konsumtion/vaxthusgaser-konsumtionsbaserade-utslapp-per-person/
[129] SCB
[130] https://www.ekonomifakta.se/Fakta/Miljo/Utslapp-i-Sverige/Vaxthusgaser/?graph=/24192/all/all/
[131] https://www.naturskyddsforeningen.se/konsumtionsutslapp?noredirect=true
[132] https://www.stockholm.se/ByggBo/Leva-Miljovanligt/Det-smarta-koket/Livsmedels-klimatpaverkan/
[133] https://www.livsmedelsverket.se/matvanor-halsa--miljo/miljo/miljosmarta-matval2
[134] https://www.livsmedelsverket.se/matvanor-halsa--miljo/miljo/miljosmarta-matval2/kott-och-chark#:~:text=K%C3%B6tt%20%C3%A4r%20det%20livsmedel%20som%20p%C3%A5verkar%20milj%C3%B6n%20inklusive,eftersom%20det%20kan%20minska%20risken%20f%C3%B6r%20vissa%20cancerformer.
[135] https://www.nyteknik.se/miljo/forskare-klimatforandringar-ger-kraftig-okning-av-turbulens-vid-flygning-6875692
[136] https://www.sp.se/sv/units/risebiovet/fb/sustainable/climate/Sidor/default.aspx
[137] https://kurera.se/vegetariskt-ar-det-mest-klimatsmarta-valet/
[138] http://www.extrakt.se/livsmedel/om-vi-fixar-maten-sa-fixar-vi-ocksa-planeten/
[139] https://www.svt.se/nyheter/lokalt/vast/chalmersforskarnasradbliveganochraddaklimatet

[140] http://www2.jordbruksverket.se/webdav/files/SJV/trycksaker/Pdf_rapporter/ra12_35.pdf
[141] http://webbutiken.jordbruksverket.se/sv/artiklar/ovr296.html
[142] https://www.gp.se/debatt/matsvinnets-p%C3%A5verkan-p%C3%A5-klimatet-negligeras-1.71584019
[143] https://www.gp.se/debatt/matsvinnets-p%C3%A5verkan-p%C3%A5-klimatet-negligeras-1.71584019
[144] https://www.politico.eu/article/the-climate-crisis-is-a-hunger-crisis/
[145] https://sv.wordssidekick.com/5-places-already-feeling-effects-of-climate-change-18600
[146] Grönlands inlandsisar - Klimatupplysningen
[147] groenland [Klimatfakta]
[148] https://www.expressen.se/nyheter/klimat/ny-studie-inte-langre-nagon-atervando-for-gronlands-isar/
[149] Massiv avsmältning på Grönland - TT (omni.se)
[150] https://fof.se/tidning/2015/10/artikel/isens-undersida-smalter-snabbt
[151] Rekordsmältningar av is på Grönland under 2019 - Vetenskapsradion Nyheter | Sveriges Radio
[152] Grönlands is smälter sju gånger snabbare (expressen.se)
[153] Regn på Grönland reser stor oro över klimatförändringar (msn.com)
[154] Första kända regnet över Grönlands högsta punkt (msn.com)
[155] https://grundskoleboken.se/wiki/Glaci%C3%A4rernas_framtid#:~:text=N%C3%A4r%20polarisen%20sm%C3%A4lter%20sl%C3%A4pps%20m%C3%A4ngder%20med%20nedkylt%20vatten,och%20med%20bli%20s%C3%A5%20att%20polarisarna%20tillf%C3%A4lligt%20v%C3%A4xer.
[156] Golfströmmen hotad – Norden kan få Alaskas klimat (hbl.fi)

[157] Ny studie: Golfströmmen närmar sig kritisk brytpunkt | Natursidean

[158] Skillnader mellan havsisen i Arktis och Antarktis | SMHI

[159] Världsnaturfonden WWF

[160] http://www.dn.se/debatt/svenska-stader-riskerar-att-laggas-under-vatten/

[161] https://www.expressen.se/allt-om-resor/13-platser-som-riskerar-att-forstoras-av-klimatforandringar/

[162] http://www.10fakta.se/global-uppvarmning/

[163] http://www.alltomvetenskap.se/nyheter/stoppa-okenspridningen

[164] https://demokraatti.fi/stora-mangder-bordiga-jordar-garforlorade-varje-ar/

[165] https://www.regeringen.se/regeringens-politik/globala-malen-och-agenda-2030/agenda-2030-mal-15-ekosystem-och-biologisk-mangfald/

[166] https://www.msn.com/sv-se/nyheter/other/mat-som-snartkanske-inte-l%C3%A4ngre-kommer-att-finnas-kvar/ss-AAR47SQ

[167] Klimatflyktingar på grund av klimatförändringar - Rädda Barnen (raddabarnen.se)

[168] Kvarts miljard människor väntas fly på grund av klimatet (nyteknik.se)

[169] https://sv.wikipedia.org/wiki/Klimatskepticism

[170] https://www.nyteknik.se/miljo/sa-kan-klimatutslappen-halveras-till-2030-6930412

[171] http://www.va.se/nyheter/2016/03/04/manniskor-dor-av-klimatforandringar/

[172] Fem klimatscenarier för jordens framtid (nyteknik.se)

[173] http://www.svd.se/det-behover-du-veta-om-parisavtalet

[174] http://www.nyteknik.se/miljo/utslapp-planar-ut-trots-tillvaxt-

6833908?source=carma&utm_custom[cm]=302896222,31788 &utm_campaign=mail4
[175] http://www.europaportalen.se/content/stor-andel-nytt-fornybart-i-eu?utm_source=Europaportalen&utm_campaign=348c4b3cc7-EMAIL_CAMPAIGN_2017_02_09&utm_medium=email&utm_term=0_9047dbbc1e-348c4b3cc7-181839829
[176] http://www.di.se/nyheter/fornybar-energi-nu-storre-energikalla-an-kol/
[177] http://www.svd.se/professorns-lov-ska-erovra-varlden-kan-helt-ersatta-oljan
[178] http://supermiljobloggen.se/nyheter/2016/06/lyckat-projekt-pa-island-omvandlar-koldioxid-till-sten
[179] https://sv.wikipedia.org/wiki/F%C3%B6rnybara_energik%C3%A4llor
[180] https://www.naturskyddsforeningen.se/faktablad/vad-ar-energikallor/
[181] https://sv.wikipedia.org/wiki/F%C3%B6rnybara_energik%C3%A4llor
[182] https://sverigesmiljomal.se/miljomalen/generationsmalet/fornybar-energi/
[183] Stefan Edman Bråttom men inte kört (Votum)
[184] https://www.omvarlden.se/opinion/debatt/eu-samarbetet-ska-motverka-nationell-egoism
[185] Sciense 16/10
[186] https://blogg.avanza.se/joe-biden-svars-in-det-vill-han-investera-i/
[187] https://www.forskning.se/2017/09/13/oddsen-for-manskligheten/#
[188] Jorden 2050: Mänskliga civilisationens undergång (expressen.se)

[189] http://www.nyteknik.se/miljo/utslapp-planar-ut-trots-till-vaxt-6833908?source=carma&utm_custom[cm]=302896222,31788&utm_campaign=mail4

[190] http://www.europaportalen.se/content/stor-andel-nytt-fornybart-i-eu?utm_source=Europaportalen&utm_campaign=348c4b3cc7-EMAIL_CAMPAIGN_2017_02_09&utm_medium=email&utm_term=0_9047dbbc1e-348c4b3cc7-181839829

[191] http://www.di.se/nyheter/fornybar-energi-nu-storre-energi-kalla-an-kol/

[192] http://www.svd.se/professorns-lov-ska-erovra-varlden-kan-helt-ersatta-oljan

[193] http://supermiljobloggen.se/nyheter/2016/06/lyckat-projekt-pa-island-omvandlar-koldioxid-till-sten